雷达装备保障性评估方法

胡 冰 林 强 程 杨 施端阳 著

U0353472

国防工业出版社

·北京·

内 容 简 介

雷达装备保障性是雷达装备的重要质量特性和装备性能的重要组成部分，也是雷达装备的设计特性和计划的保障资源满足装备平时战备完好性与战时作战使用要求的能力，在雷达装备论证、研制中越来越受到重视。本书结合作者多年的研究实际，系统论述了雷达装备保障性评估的基本理论、评估指标体系、指标赋权方法、评估模型与应用，以及评估结果分析等内容。

本书可作为从事装备论证、设计、研制、生产、订购与使用保障的工程技术人员和管理人员的参考资料，也可作为高等院校和科研机构军事装备学、军队指挥学、武器系统与运用工程等专业研究生与本科生的教材和参考书。

图书在版编目(CIP)数据

雷达装备保障性评估方法 / 胡冰等著. —北京：
国防工业出版社，2022.9
ISBN 978-7-118-12610-5

Ⅰ.①雷…　Ⅱ.①胡…　Ⅲ.①雷达—装备保障—评估
方法　Ⅳ.①TN957

中国版本图书馆 CIP 数据核字(2022)第 164110 号

※

*国防工业出版社*出版发行
(北京市海淀区紫竹院南路 23 号　邮政编码 100048)
北京虎彩文化传播有限公司印刷
新华书店经售

*

开本 710×1000　1/16　印张 13¾　字数 242 千字
2022 年 9 月第 1 版第 1 次印刷　印数 1—1000 册　定价 58.00 元

(本书如有印装错误，我社负责调换)

国防书店：(010)88540777　　书店传真：(010)88540776
发行业务：(010)88540717　　发行传真：(010)88540762

前　言

随着保障性概念在装备工作中的深入和发展,装备保障性评估已成为提高装备保障能力的重要研究内容之一。准确、客观地评估装备保障性,对装备的研制生产、采购订货和使用维护都具有十分重要的指导意义。

本书以雷达装备为研究对象,围绕其保障性评估方法,从理论和实际两个方面进行了较为深入的研究。对雷达装备保障性评估的基本理论、评估指标体系、指标赋权方法、评估模型以及评估结果分析等内容进行了详细阐述,对其他各类装备保障性评估具有借鉴价值。

全书共分为 12 章。第 1 章阐述了雷达装备保障性评估的研究目的与意义,介绍了国内外雷达装备保障性评估的研究现状,并指出了目前雷达装备保障性评估尚存在的问题;第 2 章在保障性评估概念的基础上,介绍了雷达装备保障性评估的基本理论,分析了雷达装备保障性评估的若干问题;第 3 章依据评估指标体系构建的基本理论,通过选取和预处理雷达装备保障性评估指标,构建并约简了雷达装备保障性评估指标体系;第 4 章通过对主、客观赋权法优缺点的比较,设计了基于改进 AHM-CRITIC 和改进 AHM-RS 两种雷达装备保障性评估指标综合赋权法;第 5 章~第 8 章在约简后的雷达装备保障性评估指标体系和改进 AHM-RS 雷达装备保障性评估指标赋权方法得到的指标权重基础上,分别构建了适用于雷达装备保障性评估的可拓评估模型、云评估模型、灰色评估模型和改进突变级数评估模型,并结合实例得出了各评估模型的评估结果;第 9 章在上述四种评估模型的评估结果基础上,引入漂移度的概念,建立了基于漂移度的雷达装备保障性评估结果分析模型,并得到了更为客观、准确的组合评估结果;第 10 章将灰色评估理论与模糊综合评估理论进行融合,建立了灰色模糊综合评估模型;第 11 章在约简前的雷达装备保障性评估指标体系和改进 AHM-CRITIC 雷达装备保障性评估指标赋权方法得到的指标权重基础上,根据灰色模糊综合评估模型得出雷达装备保障性评估结果,并通过基于 SPA-AHM 的雷达装备保障性评估模型对灰色模糊综合评估模型的评估结果进行了检验;第 12 章通过梳理研究结论和创新点,对下一步的研究方向进行了展望。

本书在撰写过程中,得到了空军预警学院各级领导关心和专家指导,得到了国防工业出版社的大力支持,在此表示衷心感谢;同时,参考了大量的相关书籍和文献,在此对这些作者表示衷心感谢。

由于雷达装备保障性评估方法的研究涉及因素众多,编写难度较大,加之作者水平有限,书中如有缺点和不妥之处,恳请广大读者批评指正。

著　者

2022 年 4 月

目　录

第 1 章
绪 论

1.1 研 究 背 景

雷达装备作为预警探测装备体系的重要组成装备[1],是防空预警体系的前哨和堡垒,被誉为战场上的"千里眼"。它是利用电磁波探测目标的装备,它通过发射电磁波信号并接收从目标反射回来的信号测量目标的位置参数、运动参数并提取目标的特征信息。雷达装备不仅是空中作战任务所需情报的主要来源,也是预警体系力量中情报获取的主要手段。雷达装备在高技术信息化战场上的运用贯穿始终,起着至关重要的作用,有着举足轻重的地位。雷达装备质量的可靠与作战效能的稳定发挥,是牢牢掌握战场优势、赢得战争胜利的必要条件之一,而雷达装备保障性的优劣,将直接决定雷达装备质量的高低和作战效能的发挥。

随着军事科技的发展进步,雷达装备的发展日益迅猛,功能作用逐渐趋向多元化。为追求雷达装备愈发优良而稳定的性能需求,装备的复杂程度不断增加,如大型相控阵雷达装配使用的元器件多达上百万只[2]。性能稳定的雷达装备,必须具备使用长久、维修快捷、保障方便等突出特点,为了充分保证雷达装备的实用性与耐久性等,改善雷达装备保障性的思路做法应运而生。

雷达装备保障性与雷达装备战备完好性、设计特性、计划的保障资源等多方面因素都有着密切的关系。如今的雷达装备,凸显出普遍设计研发成本较高、采办购置费用较贵、担负作战战备任务较重、战斗力生成周期较长等特点。如果花费高昂的投入代价设计研制出的雷达装备,却因保障性存在缺陷而不能发挥出最佳的作战效能,达不到预期规定的指标要求,不能又快又好地融入到预警作战体系当中,势必会对雷达装备的发展进步和指挥作战能力的提升造成损失,进而丢失战场优势资源,丧失未来高技术信息化战场上的主动权。

目前,国内外公开文献中,在科学工业领域,针对装备进行评估的研究主要集中在维修保障能力评估和效能评估方面;在装备领域,针对雷达装备进行评估的研究中,效能评估方面的研究占据大多数,针对雷达装备进行保障性评估的深入研究涉及较少;而在雷达装备领域的研究方面,依据雷达装备自身设计的要求及特点,将雷达装备作为具体研究对象,来研究雷达装备保障性评估方法;在装备评估指标体系的构建、评估方法模型的建立等方面,都处于待研究探索阶段,未有系统性的研究介绍,文献成果较少。

本书重点围绕雷达装备保障性评估方法研究展开,其中,构建雷达装备保障性评估指标体系、创新雷达装备保障性评估指标赋权方法以及建立雷达装备保障性综合评估模型,是本书着重研究的主要内容。

 研究目的与意义

1.2.1　研究目的

现阶段,雷达装备系统复杂,技术体制先进,保障模式各异,这造成了雷达装备保障性评估指标数量较多且具有不确定性与多层次性等问题,可能进一步导致雷达装备保障性评估结果的偏差,给雷达装备的操作使用和维修保障带来不便。

首先,雷达装备保障性评估方法的研究是完善我国雷达装备保障理论体系的重要内容。当前,由于我国雷达装备近年来发展较快,使得雷达保障理论体系仍有不够完善系统之处,一定程度上制约了雷达装备效能的有效发挥。为此,开展雷达装备保障性评估方法的研究,对于充实和完善我国雷达装备保障理论体系,具有重要的理论和现实意义。

其次,雷达装备保障性评估在雷达装备保障性设计、保障性优化改进、装备研制、装备交付使用等阶段都占据着重要地位,是雷达装备综合保障工程中不可或缺的一环。通过对雷达装备保障性进行评估,可以使雷达装备设计单位、采办单位、使用单位及时准确地了解掌握雷达装备保障性的优劣等级,有利于设计单位对雷达装备保障性进行优化改进,为采办单位检验接收雷达装备提供依据,为使用单位科学保障雷达装备提供参考。

再次,雷达装备保障性评估方法的研究是发挥雷达装备效能的重要依据和保障。倘若雷达装备保障性设计不佳,雷达装备的保障工作便会缺乏相应的依据和支撑,往往容易出现保障过剩或保障不足等情况,从而大大阻碍雷达装备战斗力的有效生成和提高。雷达装备保障性评估方法的研究,对于生成和提升雷达装备战斗力具有十分重要的现实意义。

由此可见,运用科学、有效、可行的雷达装备保障性评估方法对雷达装备保障性进行全面、合理、准确的评估,是雷达装备保障性设计工作中亟待解决的问题,它不仅是雷达装备作战效能持续稳定发挥的坚强保证,更为雷达装备战斗力及时有效生成提供了强有力的支持。

本书研究的评估方法,用于雷达装备设计及应用实际,根据雷达装备保障性评估指标内容,按要求制订相应的评估计划步骤,按照计划分步骤对雷达装备保障性评估数据进行处理,雷达装备保障性评估的数据可以通过专家打分评定、问卷调查统计等方法获取,收集得到的第一手评估数据资料经过一定原则要求的筛选优化,以及通过评估模型的计算处理,最终得到各类评估结果,应用于雷达装备保障性评估工作。通过对雷达装备保障性的评估,为雷达装备保障性评估提供参考依据与分析支撑,使设计单位、采办单位、使用单位等对于雷达装备保障性的优劣等级有及时有效、清晰准确的定位,以此为依据,可以更为科学合理地对雷达装备保障性进行相应的设计研制、优化改进,对雷达装备进行更加便捷的维修保障等。

1.2.2 研究意义

开展雷达装备保障性评估方法研究,对于雷达装备的设计、采办、使用等均有着极为重要的意义,有利于推动雷达装备保障性评估理论的科学进步及评估实践的有效开展,是雷达装备领域研究的发展方向和明显趋势,主要体现在以下几个方面:

(1)为雷达装备保障性评估理论的创新进步提供了技术支持。当前围绕雷达装备的相关研究中,关于保障性评估方法的研究成为一个热点课题,而在目前阶段,关于介绍雷达装备保障性评估方法的研究成果和文献资料数量不多,已有文献的研究中,大多存在着雷达装备保障性评估指标不够全面具体,指标赋权方法偏向主观、不够科学,评估方法模型适用性欠缺等问题,鉴于以上诸多研究的缺陷及不足之处,本书针对雷达装备保障性评估方法展开研究。

(2)为雷达装备设计单位的保障性设计工作及后续保障性优化改进工作提供合理的理论依据。在雷达装备工程研制和鉴定定型阶段,都包含保障性设计工作,通过科学合理的保障性评估方法,能够得到准确的雷达装备保障性评估结果,将雷达装备保障性评估的各类结果应用于雷达装备保障性设计工作,即可分析判断出雷达装备保障性所属的优劣等级,有助于及时发现雷达装备保障性设计中存在的缺陷或不足,为后续保障性优化改进工作提供合理可信的参考依据。

(3) 为雷达装备使用单位开展科学合理、便捷有效的保障工作提供可靠的理论依据。为雷达装备使用单位编配技术保障人员、维修保障人员制定雷达装备维修保障方案计划、对雷达装备开展维护修理等提供依据。雷达装备系统庞大,结构复杂,单纯凭借个人经验判断故障、维修装备已经不能满足需要。运用雷达装备保障性评估方法是对雷达装备保障性进行全面综合的评估,由此得到各类评估结果,经分析即可准确定位雷达装备保障性中的设计缺陷、不足及薄弱环节,使雷达装备使用单位的保障人员能够根据装备保障性评估结果,结合装备具体实际情况,"对症下药",强调针对性,制订的雷达装备保障计划有所侧重,重点加强装备故障性偏弱部分位置的维护、修理、保养及预防性维修等,减少不必要的保障支出,降低寿命周期费用,充分发挥雷达装备作战效能,确保雷达装备性能发挥稳定持续,进一步提升使用单位对雷达装备的使用效率,保证所担负的作战战备任务按要求顺利完成。

(4) 为雷达装备使用单位的保障指挥工作提供客观的决策依据。雷达装备保障指挥也是雷达使用单位组织指挥的一个重要组成部分,旨在通过协调组织来提升雷达装备保障力量的保障能力水平,以求能够最大程度地发挥雷达装备保障力量的保障效能,雷达装备的采办单位、使用单位中,均有部分人员作为雷达装备保障指挥的组织领导者、决策实施者,对所属下级雷达装备保障指挥员、雷达装备保障人员进行组织领导,雷达装备保障指挥要确保保障工作及时、准确、无盲区,必须根据雷达装备保障性的实际情况,重视保障性评估结果,对保障性评估结果加以充分分析,在装备保障指挥工作中有所依据、有所侧重、加强统筹、谋划协调,既实现雷达装备保障工作的高效有序运行推进,也为整个体系中统筹雷达装备的作战运用和部署配置以及雷达装备保障资源的合理配置提供重要的技术支持。

(5) 为雷达装备使用单位的指挥员部署调用雷达装备、规划决策任务兵力等提供科学的理论依据。作为雷达使用单位战场指挥的组织领导者、决策实施者,必须要对所属的雷达装备和兵力人员负责,根据雷达装备的作战或战备任务,结合雷达装备实际情况,依据雷达装备保障性评估结果,判断出动雷达装备及参战人员数质量、雷达装备需要达到的要求、现有情况下完成任务的可能性、雷达装备效能的稳定性、性能发挥的持续性等,而不能一概而论、不加分析、没有侧重地盲目指挥。因此,科学便捷的雷达装备保障性评估方法可以充当好指挥员的"参谋"角色,为区域作战体系中各类职责定位、功能作用的雷达装备进行作战规划与协调部署提供可信的技术支持,为雷达装备使用单位的指挥员作出判断决策提供科学可观的参考依据。

(6) 为雷达装备采办单位的接装验收工作提供客观的判断依据。由采办单位及使用单位向设计单位提出具体要求,由设计单位对雷达装备进行设计研制,最后将定型的装备交付给采办单位,采办单位及使用单位在参与接装时,要进行试验鉴定工作,包括性能试验、作战试验和在役考核等环节,雷达装备保障性评估贯穿其中,运用评估方法得出的结论,可以作为接收装备时鉴定装备保障性合格的依据,也可作为要求设计单位进行装备保障性后续优化改进的依据,科学便捷的评估方法可以给予交接双方更为客观可信的保障性评估结果,既能够最大限度避免装备采办失误的发生,更有利于雷达装备设计质量的进一步提升。

1.3 雷达装备保障性评估研究现状

雷达装备保障性评估工作的实施由诸多步骤组成,包括全面分析评估对象、构建评估指标体系、选择与建立评估方法模型、各类数据的收集处理、评估结果的分析解读,其中的任何一个步骤,都将对评估结果的准确性造成影响,雷达装备保障性评估方法的研究不仅是对雷达装备保障性相关数据的数据采集整理与计算处理,还更多地涉及系统工程理论、模糊数学理论、灰色理论、云重心理论等诸多理论的研究与应用。

近几十年的时间,关于武器装备诸多性能的评估研究取得了一定进展和成果,评估指标上,逐渐从单一指标、主要指标评估到多类指标综合评估;评估方法上,逐渐从单纯定性评估过渡到定性定量参半式的评估,再向定量评估发展。在研究中,产生了多种包括针对武器装备保障性评估在内的应用广泛的评估方法,如层次分析法、模糊综合评估法等。

1.3.1 国外雷达装备保障性评估研究现状

国外虽然对有关雷达装备保障性评估的方法技术进行了探索和研究,但公开规模报道并不多见,即使在已有的文献上偶尔有所披露和显示,其实质性的研究内容并不多见,介绍也不甚详细。

20世纪50年代左右,苏联着手围绕装备特性评估方面展开研究工作。到60年代,开始重视评估指标体系的构建,逐渐在评估指标构建原则、评估指标筛选、评估内容、评估方法等具体方面加以侧重研究,在武器装备质量、武器装备保障性、可靠性、维修性的评估指标构建、评估内容及评估方法等方面均有所涉及。70年代以后,苏联逐渐开始围绕导弹装备特性评估方面的课题展开深入研究,取得了一系列进展。

美国对武器装备保障性评估方面的研究颇为重视,先后利用建立模型计算分析、计算机模拟等多种手段评估装备的特性,创新发展了多种相关的技术方法,并应用于包括武器装备保障性在内的各类装备特性评估中,深化了设计单位、采办单位、使用单位等各方对武器装备保障性的认识和掌握,使得对于雷达装备保障性的评估准确度等得到稳步提升。

自20世纪60年代以来,美国开始了对武器装备保障性的研究,提出在装备设计过程中考虑武器装备保障及保障费用等问题,将保障性分析和评估工作等融入武器装备保障性设计过程中。在20世纪60年代初期,美国国防部便制定了硬性规定:"对于新研装备,如果没有相应的装备特性评估方法,将不予以审批立项",这一规定标志着包括保障性在内的装备特性评估的地位在美国装备设计研究领域大大提升,使武器装备保障性评估方法的研究得到了美国乃至世界军事科研领域空前的重视和发展。60年代中期,美国国防部颁布了指令DoDI4100.35《系统与装备综合后勤保障要求》,指令中提出了"综合后勤保障"的概念,并围绕装备全寿命周期的综合后勤保障相关问题进行了明确和规定。60年代末期,美国国防部将指令DoDI4100.35《系统与装备综合后勤保障要求》升级至DoDI4100.35G,指令中包含了组成装备综合后勤保障的若干个要素,单独指出针对武器装备保障性要加以分析评估,以弥补装备缺陷的不足。美国还根据军地不同需求以及各军种装备不同特点和实际情况,先后提出多种评估方法,如美国航空无线电公司ARINC装备性能评估方法、空军装备性能评估方法、海军装备性能评估方法和陆军装备性能评估方法等。此后若干年,又将此类装备性能评估方法推广到了战略导弹部队所属相关装备的评估研究中等,在军事装备领域的应用更加广泛。

20世纪70年代初期,美国军用标准MIL-STD-1369《综合后勤保障要求》提出"后勤保障分析"(Logistics Support Analysis, LSA)的概念,可以看作就是武器装备保障性分析的雏形,将其作为武器装备保障性工程的分析方法加以研究应用。后续美国国防部大力支持装备后勤保障分析工作,实行了一系列举措,先后制定实施MIL-STD-1388-1《后勤保障分析》以及MIL-STD-1388-2《后勤保障分析记录要求》两个与装备后勤保障分析相配套执行的军用标准,对开展武器装备保障性工作及后勤保障分析工作的相关概念内涵、内容要求等做出了规定,一定程度上体现出了武器装备保障性证据包的雏形,为后续优化改良武器装备保障性提供了证据依据和遵循指南。此后,围绕武器装备保障性的分析评估理论逐步趋向完整和规范,并广泛应用于武器装备保障性设计过程中,如M1型坦克及F-15机型等。

保障性是武器装备性能的一个关键的组成部分,20 世纪 80 年代,美国国防部进一步重视武器装备保障性,提出将武器装备保障性评估技术应用于武器装备保障性工作中。20 世纪 80 年代,美国空军高层各方就武器装备保障性若干问题达成共识,共同签署了文件声明,明确指出美国空军在武器系统采办中,提高武器装备保障性的地位,要予以保障性充分地重视。同时,美军率先针对武器装备提出"综合后勤保障"的概念,并颁布 AFR800-8《综合保障后勤大纲》,对武器装备的综合保障要求做出了规定,其中涵盖了武器装备保障性分析与评估理论。同一时期,美军提出实施指令性文件 DoDD5000.39《系统与装备综合后勤保障采办管理》,文件将战备完好性的地位予以提升重视,其中规定,武器装备保障与武器装备性能、武器装备费用等并列为武器装备的重要组成部分,武器装备保障性评估要贯穿武器装备设计工作,务必要达到既定的保障性要求。在其之后的升级文件中,也一并凸显了武器装备战备完好性的重要地位,并规定了武器装备使用单位对武器装备保障资源建设的相关要求,对武器装备保障性的内容介绍较为全面。80 年代中期,美国国防部将《后勤保障分析》与《后勤保障分析记录通用要求》升级,颁布 MIL-STD-1388-1A 与 MIL-STD-1388-2A,重视新研武器装备的保障性评估,使武器装备的性能、费用与保障性达到一种相互平衡的状态。80 年代中后期,美国在武器装备质量评估方面加大科研投入,重点加强包括保障性分析评估在内的武器装备通用质量特性分析与评估工作,提出多种先进技术应用于实践,以评估分析武器装备的质量特性。

20 世纪 90 年代中期,美国国防部提出 DoDD5000.1《国防采办体系》及修订完善的 DoD5000.2-R《重大国防采办体系及自动化信息系统采办项目必要程序》予以推动实施,其中着重突出强调了武器装备保障的内容,涵盖保障性分析、保障性评估、保障性数据及保障资源等,同时,把可靠性、维修性等设计特性作为武器装备保障性设计的重要组成部分。同一时期,美国国防部颁布 MIL-PRF-49506《后勤管理信息要求》及 MIL-HDBK-502《采办后勤》,指出在武器装备性能要求中,保障性占据重要地位,是不可或缺的组成部分,武器装备保障性分析与评估被列为系统工程中不可忽略的组成环节,更加凸显了武器装备保障性的重要作用。

20 世纪 90 年代以来,关于武器装备特性评估方面,美国应用数学方法,研究建立起许多武器装备评估模型,利用计算机技术,按定量、定性不同性质组织编写了许多评估分析程序,在雷达装备保障性评估工作实践中,此类研究成果可以得到极大的发挥利用空间,可以科学、便捷、及时地对雷达装备保障性做出客观、准确的评估,既增强了评估结果的可信性,又节省了精力和资源。

21 世纪以来,美国经过多次局部战争的洗礼,开始着手大力推进军事转型,其中包括武器装备的设计研制及保障管理等工作,先后提出建立快速保障响应机制,完善战时评估理论,提出并实施了多种新型保障模式,其中包括"基于性能的后勤"(Performance Based Supportability, PBL)等,由此,武器装备保障性评估方法的研究更需具有针对性、特殊性,达到优化完善武器装备保障性设计的目的。美国在武器装备设计中,有专门的组织机构来进行保障性评估工作。文献③提到,美国负责武器装备研制采办的办公部门,设置了专门的部门机构,负责武器装备保障性,具体由可靠性与维修性工作、保障性评估工作等项目组共同组成。文献④指出,美国重视武器装备质量特性评估,大力发展评估技术,研究评估方法,持续提升武器装备质量特性评估能力。文献⑤提到,美军的《可靠性维修性2000年行动计划》与AFM2-15《作战保障》均将保障性的重要性予以大大提升。文献⑥提到,经济性、生存性、杀伤性和保障性并列为美军F-35的四个设计要求。文献⑦列出了美军F/A-18,F-22,RAH-66,F-14,A-7等机型的若干保障性参数,并加以分析解读。美军根据F-22"猛禽"战斗机作战任务、作战能力需求提出相应的保障性评估问题,在保障性设计时即明确武器装备总体、各分系统、关重部件的保障性目标及具体要求[8],以F-22为代表的美军武器装备保障性评估研究,为我军雷达装备保障性评估方法的研究提供了参考范本。

1.3.2 国内雷达装备保障性评估研究现状

在雷达装备保障性方面,我国的研究工作起步落后于国外,我国雷达装备保障性评估研究与武器装备发展有着密不可分的关系。1978年,我军成立了军事运筹研究机构——反坦克研究小组,这个机构的主要研究任务中就包括武器装备保障性评估建模[9]。20世纪80年代中后期以来,我军开始逐步重视雷达装备保障性及其评估方面相关研究,一系列国家军用标准和条例规定相继颁布出台。

现阶段,我军聚焦备战打仗,实战化思想牢固确立并日益深化,对现代高技术信息化战争的研究不断推进,对新技术体制武器装备的研究也不断加深,而保障性作为雷达装备一个至关重要的特性,其地位和作用的关键性逐渐凸显出来。如文献[10]以信息化战争条件为背景,对武器装备保障性内涵做了探讨。文献[11]对武器装备保障性概念进行了研究,基于武器装备任务需求,深化保障性的概念。文献[12]以综合集成的系统思想为指导,探索出武器装备保障性工程的系统性结构框架。文献[13]提出必须将雷达装备保障性问题纳入雷达装备设计研制阶段,对雷达装备的设计要与对其保障性的设计同步进行。文献[14]提出可在装备论证立项阶段开始,就考虑雷达装备保障性的设计实现与评估分析。文献[15]充分考虑武器装备结构复杂、任务多变,保障性内涵丰富等特点,逐项分解解读,针对武器装备保障性问题,建立相应的模型算法。雷达装备使用单位担负作战战备任务,因此,其在雷达装备保障性评估方面的研究较少,而雷达装备设计单位、科研院所等,注重雷达装备的设计研制和理论教学,相比雷达装备使用单位,对雷达装备的实际使用状况尚欠全面,这些都对雷达装备保障性评估理论及方法的研究构成了阻碍和限制。

当前,雷达装备保障性评估指标体系研究尚不完善;评估指标赋权方法、评估算法模型也存在着不科学、不便捷等诸多问题,因而不能很好地为雷达装备保障性评估提供更为科学有效的参考依据。随着雷达装备的不断发展,评估指标趋向多元化、赋权方法逐渐具备综合性、评估模型追求简易便捷等,在这些新形势新要求下,对构建雷达装备保障性评估指标体系、运用评估指标综合赋权方法、建立雷达装备保障性评估模型等的需求就更为迫切,也提出了更高的要求。

下面对近年来有关雷达装备保障性评估学术上具有一定代表性的研究成果进行简要介绍。

文献[16]运用层次分析技术对装备维修质量评估方法进行了研究,但其忽略了层次分析法赋权偏主观的缺点。而文献[17]则指出层次分析法虽然能够充分体现专家的知识、经验,但评估结果带有一定主观随意性的弊端。文献[18]引入群组决策的思想方法,对层次分析法进行改进,纠正其带来的主观偏差。文献[19]运用 Matlab 与层次分析法相结合的方法对装备保障能力评估进行了探索研究。文献[20]运用模糊评判法进行评估,指出算子的选取会对评估模型产生影响。文献[21-22]指出在灰色系统中的诸多信息不能确定,可利用灰色模型进行处理分析,使用不确定的信息进行评估决策。文献[23]通过去模糊度与灰色关联度分析方法相结合对雷达装备保障性进行了评估。文献[24]基于灰色理论与模糊数学提出了新的评估方法,可避免单独使用模糊数学方法的缺点。文献[25]采用灰色关联分析法对雷达装备保障性进行了评估,能够处理评估中信息不确定和信息量不足等问题,但存在计算量过大、过程烦琐的弊端;文献[26-27]基于不同的灰色理论模型,依据现存不足,改良已有评估方法,提出了多种新型灰色评估模型。

文献[28]提出的主观赋权值 DEA 模型中,指标赋权带有较强的主观性。文献[29]运用变权值 DEA 模型对装备保障性进行评估,但是其适应性欠缺,适用范围仅限于同等规模的装备保障性评估。文献[30]基于灰色关联分析具有相对性和适应性较强的特点,将关联系数与 DEA 模型结合,增强了 DEA 模型的样本适应性,适用于不同规模雷达装备保障性的评估。文献[31]把专家评估思想赋予 BP 神经网络,模拟专家进行评估,降低了评估中的人为偏差失误。文献[32]运用 BP 神经网络法,适用于样本模糊的评估对象,但需要一定规模的样本量,同时计算量较大也是其一大弊端。文献[33]针对评估中赋权方法偏主观性的问题,应用粗糙集理论及信息熵的概念,得到评估指标属性重要度,再经处理得到评估指标权重,对传统赋权方法的偏主观性做了一定程度上的优化改善。文献[34]指出影响装备保障性的因素复杂繁多,不可从单一指标评估雷达装备保障性,需要建立完整的保障性评估指标体系,从总体上全面评估装备保障性的情况。文献[35]利用运用 Elman 神经网络建立相应评估模型,对于评估结果有效性及评估模型适用性的提升有一定积极影响。文献[36]运用基于加速遗传算法的 Shepard 相似插值法,建立了战斗机保障性评估模型,评估效果较好,方法可行有效。文献[37]以混合多属性决策理论为基础,研究了多项指标结合的决策问题,依据装备保障系统的实际,遵循适用性、可行性要求,建立了基于理想点的装备保障系统多属性决策算法模型。文献[38]提出了一种基于网络分析法和熵权法相结合的综合评估模型,对使用单一方法存在的缺陷有一定优化改良效果。

1.3.3 雷达装备保障性评估存在的问题

针对装备的评估工作,现今已取得的研究成果大多集中在装备保障能力、抗干扰能力、技术等级、作战效能等角度,而针对"雷达"这一武器装备以及"保障性"这一重要特性的评估而言,已有的文献涉及不多、不详细具体,关于雷达装备保障性评估方面的研究工作尚有欠缺,亟待探索创新、优化改进。

对国内外发展现状进行归纳总结,不难看出,目前的雷达装备保障性评估方法的研究仍存在诸多不足,主要表现在:

(1) 保障性评估内容不够全面,对装备保障性整体的评估研究有所欠缺。雷达装备保障性的优劣并不单纯由保障资源决定,也不单纯由设计特性决定,所以针对保障性内涵中单一的个别方面内容的评估还不能全面反映出雷达装备保障性整体水平。

(2) 保障性评估对象存在局限性和片面性。针对雷达装备保障性评估的理论研究质量有所欠缺,雷达保障性评估方法的理论基础仍不完善,雷达装备保障性评估指标合理性、体系完备性及雷达装备评估指标赋权方法科学性、适用性等方面仍存在不足之处,已知文献的评估大多面向雷达装备作战效能、保障能力等,以雷达装备保障性作为评估对象,现在还未见系统成熟的文献资料及研究成果。

(3) 保障性评估指标选取不全面、体系构建不完善。针对雷达装备保障性评估指标的选取过于泛泛,不够全面,不够具体,也没有充足的针对性,大多只是在大的骨干框架下进行赋权评估,有一定的随意性,不能充分针对雷达装备保障性实际具体分析,评估指标赋权法及保障性评估方法的合理性、适用性、准确性还有待进一步探索优化。

（4）对雷达装备保障性概念内涵的认识有待进一步深化完善。设计单位、采办单位、使用单位各方以及科研院所等研究人员对雷达装备保障性的理解虽无重大分歧,但也各不相同,对雷达装备保障性评估问题的思考角度也会各有侧重,这就要求设计单位在保障性设计时加以考虑,采办单位与使用单位要熟悉认识雷达装备保障性,熟练掌握运用雷达装备保障性评估方法。在雷达装备保障性评估指标体系的构建及权重的确定方面,更要体现各方意愿,保证保障性评估结果的客观性、精确性。

（5）部分指标赋权方法过于偏向主观,一定程度上降低了评估结果的可信度。现阶段,在雷达装备保障性评估指标赋权方法上,大多采用单一的主观赋权法,主要单纯依靠专家的知识经验来确定权重,具有较强的主观性,而专家的来源单位可能过于单一,这就会导致评估结果的可信性有所降低。

（6）存在部分评估方法适用性不强的问题。目前关于雷达装备保障性评估的文献中,较多的评估方法在于判定、比较多部雷达装备保障性相互间优劣水平方面,而在判定单部雷达装备保障性优劣等级方面,适用性、可行性强的评估方法尚不多见,对切合单部雷达装备保障性评估实际的评估方法有所需求。

为进一步解决以上问题,本书针对雷达装备保障性评估方法展开研究。

1.4　本书主要内容与结构

本书从保障性定义、雷达装备保障性概念等基本理论入手,进而对雷达装备保障性评估加以研究,创新利用一种科学、有效、可行的评估方法对雷达装备保障性进行综合评估,雷达装备保障性评估工作主要从四个方面着手进行研究:雷达装备保障性评估指标体系、雷达装备保障性评估指标综合赋权方法、雷达装备保障性评估模型算法、实例评估计算及结果检验分析。结合雷达装备设计单位及使用单位的具体实际情况,根据雷达装备自身实际特点,构建和约简雷达装备保障性评估指标体系,运用基于 AHM-CRITIC 和改进 AHM-RS 的两种雷达装备保障性评估指标综合赋权方法,建立雷达装备保障性可拓评估模型、云评估模型、灰色评估模型、改进突变级数法的评估模型以及灰色模糊综合评估算法模型,建立基于漂移度的雷达装备保障性评估结果分析模型和基于 SPA-AHM 的评估结果检验模型。

本书全文总共分为 12 章,具体结构及各章节内容安排如下:

第 1 章绪论。介绍本书的研究背景、研究目的以及研究意义;对国外与国内关于保障性的研究现状进行总结归纳,并在此基础上,总结现行雷达装备保障性评估存在的问题和亟待改进之处;介绍本书的主要内容及结构安排等。

第 2 章雷达装备保障性评估理论。归纳总结保障性的基本定义、保障性评估的基本概念及评估方法等;结合雷达装备,研究介绍雷达装备保障性的概念、特点及雷达装备保障性评估的主要流程、特点;针对雷达装备保障性存在的现实问题,分析介绍面向顾客/用户的雷达装备保障性需求识别、雷达装备保障性证据包、雷达装备保障资源规划要求等构想规划。

第 3 章雷达装备保障性评估指标体系。分析确定评估指标体系的构建思路、原则要求、主要内容、步骤流程等;分析评估指标选取及预处理的方法流程;针对雷达装备保障性,构建确立评估指标体系,包括体系的框架内容、主要指标的内涵释义、结构层级的划分;引入粗糙集理论的属性约简原理,通过专家评议,将影响程度较小的指标筛除,以简化评估指标体系,从而达到减少评估模型维度,降低计算复杂性的目的。

第 4 章雷达装备保障性评估指标赋权方法。对现行文献资料进行梳理总结,分析单一主观赋权方法和单一客观赋权方法的优缺点;引入博弈论的 Nash 均衡,并对其作出描述介绍;将传统 CRITIC 法进行优化改进,并与 AHM 权重相结合,形成基于改进 AHM-CRITIC 的雷达装备保障性评估指标综合赋权方法;同时引入粗糙集理论的属性重要度原理,介绍粗糙集(Rough Set,RS)客观赋权法;并对原 AHM 法和 RS 法进行优化改进,将两种赋权法相结合,提出改进 AHM-RS 雷达装备保障性评估指标赋权方法,以提高评估指标权重系数的可信度。

第 5 章雷达装备保障性可拓评估模型与应用。引入可拓学理论,对物元、经典域和节域等概念进行介绍,分析可拓学在雷达装备保障性评估中的应用前景、总体流程;通过可拓集合的关联函数计算雷达装备保障性的关联度,建立适用于雷达装备保障性评估的物元模型。并通过实例对该方法的应用进行可行性检验。

第 6 章雷达装备保障性云评估模型与应用。介绍隶属云的定义、数字特征、云发生器等概念,将评估指标的随机性和模糊性综合考虑;运用云理论将评估指标集转换为评估云模型,将专家打分的结果通过逆向云发生器生成云模型的数字特征,利用正向云发生器生成雷达装备保障性评估云滴图;利用云滴的形式将雷达装备保障性的评估结果直观地反映出来。

第 7 章雷达装备保障性灰色评估模型与应用。引入灰色系统理论,构建雷达装备保障性灰色评估模型,介绍评估指标样本矩阵的确定、评估灰类的确定、灰色评估系数的计算、灰色评估向量和权矩阵的计算、综合评估结果的计算及归一化处理等评估流程。解决雷达装备保障性评估中难以处理的不完全、不确定性问题。

第8章改进突变级数法的雷达装备保障性评估模型与应用。对传统的突变级数评估法进行介绍,论述其基本思想和步骤;对突变级数评估法不涉及指标权重的优点继续发扬,对其归一公式具有聚焦特点,导致最终的评估值整体接近于1,不便于评估者直观地判定雷达装备保障性评估等级的缺陷,提出综合调整法进行改进,通过实例验证了该方法的可行性。

第9章基于漂移度的雷达装备保障性评估结果分析模型与应用。为了克服单一评估方法或模型存在的局限性,提高雷达装备保障性评估的客观性和准确性,引入漂移度的概念,构建基于漂移度的雷达装备保障性评估结果分析模型,并将可拓评估法、云评估法、改进的突变级数法和灰色评估法对雷达装备保障性的评估结果进行分析,根据漂移度的大小计算出各评估方法的评估结果在组合评估时所占权重,最后得出可信度较高的组合评估结果。

第10章雷达装备保障性灰色模糊综合评估模型。梳理灰色系统理论相关知识,介绍基本原理、白化权函数、模糊综合评估等理论;给出雷达装备保障性灰色模糊综合评估方法的总体流程;对雷达装备保障性灰色模糊综合评估算法模型进行详细介绍和分析,列出包括建立灰色评估样本矩阵、确定评估灰类及白化权函数、确定灰色评估系数、建立灰色评估权向量及矩阵、确定合成算子、综合评估等主要计算评估步骤。

第11章雷达装备保障性评估实例应用。依据综合赋权方法确定评估指标权重;依据灰色模糊综合评估模型对实例进行计算评估,得到评估结果;对评估结果进行检验,提出基于 SPA-AHM 的评估结果检验方法,建立模型,代入实例进行计算验证,检验结果与评估结果进行对比;针对雷达装备保障性评估结论进行分析,提出合理化建议和优化改进措施,为保障性的设计完善提供可行性依据。

第12章总结与展望。对本书开展的研究工作、得到的研究结论以及主要的创新点进行归纳总结,介绍本书研究的不足之处以及未来此类研究可发展的趋势和内容,为下一步开展雷达装备保障性评估相关研究工作展望前景,指明方向。

第 2 章
雷达装备保障性评估理论

本章针对雷达装备保障性评估的相关理论进行深入研究。明确了保障性的定义及保障性评估的基本概念;总结了保障性评估方法,并经对比分析各自的优缺点;明确了雷达装备保障性的概念;总结了雷达装备保障性及其评估的主要特点及流程;针对雷达装备保障性存在的若干问题,分析了面向顾客/用户的雷达装备保障性需求的识别,研究介绍了雷达装备保障性证据包,对雷达装备保障资源规划要求进行了分析。本章内容可为本书后续雷达装备保障性评估方法的研究提供理论支撑。

 2.1 **保障性评估的基本概念**

2.1.1 保障性的定义

根据 GJB 3872 对"保障性"的定义和相关文献综合,本书中的"保障性"指的是装备自身固有的设计特性以及计划配置的装备保障资源两个方面达到装备平时战备完好性要求与战时作战使用要求的一种能力。

(1) 装备设计特性是指装备本身与保障有关的各种特性,主要包括可靠性、维修性、测试性等,这些特性都是由装备设计所赋予的,因此必须在装备设计时加以考虑。

(2) 装备计划的保障资源是指为保证装备的使用和保障而规划配置的各种资源和条件,主要包括人员、备件、技术资料、保障设施设备等,装备保障资源应该在装备设计过程中加以规划,并在装备交付时,由装备设计单位提供或配置相应的保障资源,以满足装备使用及保障要求。

(3) 装备平时战备完好性是指装备在平时进行作战任务准备的时间和条件下,处于能够随时执行作战任务的完好状态的能力,平时战备要求可用战备完好率加以衡量。

（4）装备战时使用要求是指作战任务对装备的使用要求,可用任务持续能力加以衡量。任务持续能力是指装备能够持久正常使用的能力,强调的是装备执行作战任务的持续正常工作能力。

针对"保障性"定义及内涵,试着做出解读,如图 2.1 所示。

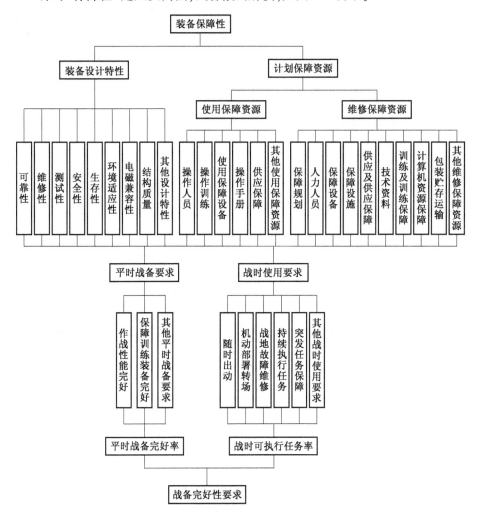

图 2.1　装备保障性内涵分解示意图

2.1.2　保障性评估的概念

评估,指的是按照规定的要求及标准,依据掌握的主客观事实,遵循一定的原则和流程,运用与评估对象特点实际相适用的科学的评估方法实施评估工作[39],得出评估结果并经过对结果的分析,得到所需评估信息的一个过程。评估工作是一项系统性的整体工作,主要由明确评估目标需求、分析评估对象、确定评估原则要求、构建评估指标体系、选定评估方法以及得出评估结果结论等多个步骤要素组成。

装备保障性评估,是指在装备的寿命周期之内,以达到对装备实施经济有效的保障为目的,就此针对装备必需的各类保障因素进行设计、规划、考量,以判定装备最终是否能够达到保障性设计时规定的各项指标要求及保障性优劣等级的评价过程[40],评估的内容包括保障性设计特性、计划的保障资源以及各个综合性的保障性指标要素等。保障性评估可以为优化改善保障性设计,提高保障性设计质量提供科学依据,同时,还可减少不必要的、盲目的装备保障支出,降低装备的寿命周期费用。

2.1.3 保障性评估方法

本书第1章1.3节中在归纳总结国内外研究发展现状时,已经列举了国内外若干雷达装备保障性评估方法,下面主要介绍几种,在实践中均可借鉴应用。

目前,可应用于雷达装备保障性评估的方法较多,其发展历程大致如图2.2所示。

评估方法主要分为以下几类,下面作简要介绍与对比分析:

1. 系统分析的方法

建立评估方法时,首先将雷达装备作为一个整体研究分析,既考虑雷达装备自身保障性设计的特点要求,又考虑后续实施雷达装备保障的具体实际;其次,综合考虑对雷达装备保障性构成影响的各个指标要素,并分析各指标要素与雷达装备保障性整体之间的联系以及各指标要素彼此之间的作用关系。

2. 比较分析的方法

每种雷达装备都有其自身的系统结构、设计特点以及作战环境,在吸收借鉴时,要注意区分异同,优化改良,构建与所评估雷达装备保障性实际情况相符合的评估方法。

3. 定性与定量分析相结合的方法

雷达装备保障性评估方法的研究,不可避免地要涉及定性和定量的因素,采用定性和定量分析相结合的方法,可以保证评估结果更为全面客观、科学可信。

4. 规划论的方法

规划论是在既定目标要求下,依据此类条件,寻求规划设计最优方案的理论。根据评估对象及问题的具体要求,运用规划论建立适宜的雷达装备保障性

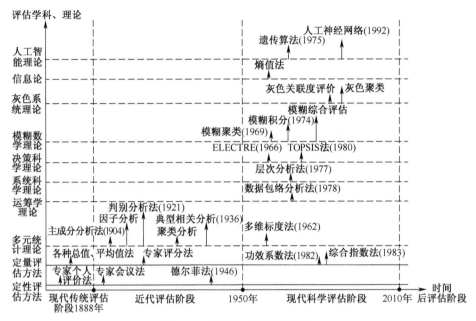

图 2.2 评估方法发展历程图

评估方法,以寻求最优的雷达装备保障性设计方案。

5. 多元统计理论方法

此类评估方法是将评估指标及原始数据中相对重要信息提取出来,将数量较多的变量综合为数量较少的变量,简化评估问题,优点是可以大大减少指标数量、简化筛选过程、处理数据简便,缺点是对指标和数据的取舍动作过大,损失信息较多,会对赋权的客观性、准确性产生一定影响。此类方法典型的有主成分分析法等。

6. 不确定模糊理论方法[41]

此类评估方法应用于对评估对象的认识不够确切准确的实践中,适用于指标数据具有不确定性、模糊性的评估对象的评估。典型方法包括模糊综合评估方法[42]、灰色系统理论[43]、粗糙集理论[44]、云理论[45]等。

7. 多属性决策方法

可以根据提出问题和要求目标,将评估对象分解为支撑问题或目标的若干组成部分,并按各部分之间一定的相互关联关系,将若干组成部分细化分层,形成一个具备层次结构的模型,再按照划分的层级结构进行评估分析,可把评估者的主观判断定量化,对原始定量信息依赖不大,最终可得到低层次各指标相对于

17

高层次各指标的权重,而后进行优劣等级判定,缺点是定性成分偏多,评估偏主观性;数据计算量大,过程较为烦琐复杂。此类方法最典型的为层次分析法。

8. 数据挖掘方法

此类方法是通过对装备保障性数据进行收集加工,依据数据建立数学模型,通过算法模型评估装备保障性。不同的数据挖掘算法模型各有优缺点。此类方法主要包括贝叶斯网络法[46]、关联分析法[47]、人工神经网络法、支持向量机法[48]等。

9. 融合评估方法

此类评估方法通常对于收集的信息有着较高的利用率,可使评估结果更为准确可信,包含信息量更多,缺点在于部分方法运算过程较为复杂,对数据过于敏感等。融合评估方法对于雷达装备保障性评估研究有着较强的推动作用,进一步深化拓展了评估方法的研究领域和应用范围,使雷达装备保障性评估趋于科学准确、完善可靠。此类方法包括集对分析法[49]、数据包络分析法[50]、物元分析法[51]、仿真评估法[52]、马尔可夫模型[53]等。

 雷达装备保障性评估的基本理论

2.2.1 雷达装备保障性的概念

雷达装备保障性是指雷达装备的设计特性以及计划的保障资源能够满足平时战备完好性与战时使用要求的能力。保障性是雷达装备的一种综合特性,是从保障方面对雷达装备予以整体设计的描述[54]。

保障性设计,包括可靠性、维修性、测试性、安全性设计等工程。通过保障性设计,赋予雷达装备可保障的固有设计特性,即经过设计单位设计研制的雷达装备,具有可保障的特性,是可以保障的装备。计划的保障资源是指保障雷达装备正常发挥作战效能、正常使用所需要的全部物力资源与人力人员的统称,用以确保雷达装备能够得到保障。以上两者,就是雷达装备保障性所内涵的雷达装备可保障、好保障、易于保障的特性以及雷达装备"能得到保障""能被保障好"的特性,这两者需要相互协调配合,综合权衡,缺一不可,共同构成了雷达装备保障性。

概念主要从三方面对保障性进行规范概括,包括雷达装备自身固有的设计特性、计划配置的雷达装备保障资源以及战备完好性要求。

1. 雷达装备自身固有的设计特性

设计特性是指保障性设计时赋予雷达装备的与保障性相关的固有特性,主要包括可靠性、维修性、测试性、安全性、运输性、人素工程特性等。这些特性都是由保障性设计所赋予的,是雷达装备保障性至关重要的组成部分,因此设计单位必须在雷达装备设计时加以充分考虑。

2. 计划配置的雷达装备保障资源

计划的保障资源是指为保证雷达装备的使用和保障而规划的各种人力物力资源条件的统称,主要包括人员、备件、技术资料、训练、保障设备与设施、计算机资源,以及包装、贮存、运输因素等。这些计划的保障资源也是在雷达装备设计研制过程中考虑并进行规划的,按照一定的保障性要求购置、筹措,并按计划随装备配套配置交付,计划的保障资源为雷达装备保障性奠定物质基础,同时,与雷达装备自身固有的设计特性共同满足战备完好性要求。

3. 战备完好性要求

战备完好性是指雷达装备为应对作战或战备任务而在平时或战时处于能执行规定任务的完好状态的程度或能力,如可用度、完好率等。平时雷达装备的战备完好性经常用使用可用度来衡量,战时雷达装备的战备完好性更强调任务持续条件下雷达装备能够随时执行任务、持续执行任务的能力,可用任务持续能力、完好率、出动率等指标衡量。

雷达装备保障性评估在装备寿命周期全过程中都有所应用,雷达装备保障性评估的总体目的,是判定雷达装备的保障性优劣,找出保障性设计存在的缺陷不足,制定相应的优化改进措施,提高雷达装备保障性,但就不同阶段而言,保障性评估的目标有所细化分工。在雷达装备寿命周期的主要阶段,将开展保障性评估研究的具体目标列举如表 2.1 所示。

表 2.1　雷达装备寿命周期主要阶段保障性评估工作目标

寿命周期主要阶段	保障性评估目标
论证阶段	（1）进行同类或相似装备的保障性评估及数据分析,便于在研雷达装备对比论证; （2）选择优选系统设计方案和保障方案; （3）评估备选技术方法对使用的影响; （4）评估设计适用性
立项阶段	（1）确定优选技术方法、保障风险及优先解决办法; （2）检查备选技术方法的使用情况; （3）评估备选技术方法适用性

（续）

寿命周期主要阶段	保障性评估目标
工程研制阶段/鉴定定型阶段	（1）对研制数据进行分析，验证保障性试验有效性； （2）确定可靠性、维修性、安全性、测试性、生存性、运输性、人素工程等设计问题与解决方法； （3）找出薄弱环节，提出纠正改进策略； （4）评估保障资源； （5）评估保障性是否满足设计与规范要求； （6）为雷达装备初始备件策略的制定提供依据支撑
生产部署阶段	（1）评估生产项目是否满足适用性要求； （2）评估雷达装备生产工艺及标准化是否达标
使用维护阶段	（1）为雷达装备设计改进优化提供依据； （2）验证战备完好性目标的实现程度； （3）更新使用与保障费用估算； （4）评估雷达装备设计更改的适用性和保障性； （5）找出早期故障及主要原因，降低早期故障率； （6）明确在保障性参数方面所需的改进； （7）提供调整保障性设计所需的数据； （8）为维修保障工作及备件持续供应计划提供依据

2.2.2 雷达装备保障性的特点

根据雷达装备保障性的概念及内涵，对雷达装备保障性的特点进行分析，归纳总结为如下几点。

1. 雷达装备保障性具有综合性

雷达装备保障性内涵丰富，既包括设计特性，又包括计划的保障资源，还要考虑装备的战备完好性，而这三大部分所包含的指标要素更为复杂，突出体现了雷达装备保障性的指标多样性和内容综合性。

2. 雷达装备保障性具有系统属性

对于雷达装备保障性要按照系统工程的方法分析研究。雷达装备的战备完好性、设计特性和计划的保障资源三者有着密不可分的关系，但绝不是三者的简单累加，雷达装备保障性在雷达装备论证立项、工程研制等阶段均有涉及，在性能试验、作战试验、在役考核等装备试验环路中占据重要地位，在设计、采办、使用过程中涉及诸多单位，与参谋、后勤、装备各部门有业务关联，单纯研究保障性的某一个、某一类、某一方面是难以达到要求的，必须运用系统工程的方法综合权衡考虑，才能更全面地研究雷达装备保障性问题。

3. 雷达装备保障性涵盖可靠性与维修性

影响雷达装备保障性的指标要素很多,其中,可靠性与维修性是两个关键的指标,可靠性与维修性的优劣是雷达装备保障性评估的重要参考依据,但是可靠性、维修性并不是组成保障性的全部,雷达装备的保障性设计除了要考虑可靠性、维修性以外,还要考虑测试性、安全性、环境适应性等设计特性,此外,还要全面考虑与保障性设计特性相支撑协调的各类保障资源,还有装备的战备完好性要求等要素,这些方面共同组成了雷达装备保障性。雷达装备的保障性比可靠性与维修性的内涵更为广泛,就雷达装备设计特性这一方面而言,保障性的内容涵盖可靠性与维修性,可靠性与维修性是构成雷达装备保障性的两个重要设计特性。

4. 雷达装备保障性要满足雷达装备能执行并完成任务的要求

雷达装备的保障性是在雷达装备保障性设计时就赋予雷达装备的固有属性,保障性是使雷达装备便于保障、能得到保障的特性,这一特性是为达到雷达装备作战战备任务需求而提供支撑。在雷达装备保障性的评估研究中,务必确定雷达装备能执行并完成任务要求的相关指标参数。

5. 雷达装备保障资源要全面考虑,统筹规划,科学部署

雷达装备型号各异、数量繁多、部署分散,其计划的保障资源也就不可避免地具有复杂性,保障资源包括人力人员、备品备件、保障设施、保障设备、技术资料、训练保障、计算机资源保障、保障经费等诸多因素,随着雷达装备及保障技术的发展,信息化保障问题、物流配送问题等也要提上日程,予以通盘考虑,雷达装备保障资源既要与雷达装备设计特性相互支撑,又要保持自身各保障资源要素之间的统筹规划与相互协调。

6. 雷达装备保障性与雷达装备寿命周期费用紧密相关

雷达装备保障性以满足战备完好性为目的,包含设计特性和计划的保障资源两个方面,保障性优,寿命周期费用就会降低,反之,费用就会升高,雷达装备保障性设计要考虑寿命周期费用,并以之为重要约束与参考,综合考虑保障性包含的三方面,统筹规划、互相协调,在满足规定的保障性要求的同时,达到降低雷达装备寿命周期费用的效果。

2.2.3　雷达装备保障性评估的主要流程及特点

1. 雷达装备保障性评估的主要流程

科学可行的评估流程,是雷达装备保障性评估工作顺利进行的有力保证,雷达装备保障性评估的主要流程如图 2.3 所示。

1)明确评估目的,分析评估对象

首先必须明确评估的目标和对象,针对雷达装备保障性进行的评估,目的是为了判定雷达装备保障性的优劣等级,得出雷达装备保障性的好坏程度。根据评估目的和评估对象的自身特点和实际情况,做出保障性评估所需的相关分析。

2)确定指标结构,构建指标体系

通过文献查阅、专家咨询、问卷调查等多种方式,分析雷达装备保障性的具体内涵,选取确定评估指标并加以细化研究,根据指标间相互关联和隶属关系,划分指标结构层次,建立相对全面完善的评估指标体系。

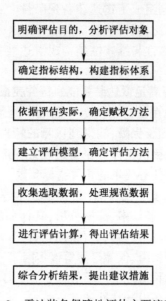

图 2.3　雷达装备保障性评估主要流程图

3)依据评估实际,确定赋权方法

根据雷达装备保障性实际和评估特点,综合考虑主客观赋权方法的优缺点,选用科学合理的评估指标赋权方法。

4)建立评估模型,确定评估方法

结合保障性评估实际,建立雷达装备保障性评估算法模型,这一步是评估工作中最为关键的部分,建立的评估算法模型必须能够实行定量计算,必须能够得出雷达装备保障性各评估指标的分值以及最终雷达装备保障性的总分值。

5)收集选取数据,处理规范数据

收集雷达装备保障性评估数据综合利用文献整理分析、经验判断估计、统计分析处理、资源库数据库等多种方式,获得评估所需的参考资料、指标数据。

6)进行评估计算,得出评估结果

按照雷达装备保障性评估指标赋权方法、保障性评估算法模型的要求和流程,代入收集整理的评估数据进行运算处理,得出所需的保障性评估结果。

7) 综合分析结果,提出建议措施

一是将评估结果与评定标准相对比,二是将评估结果互相做对比,以此对评估结果进行综合分析,从而为雷达装备保障性设计制定优化改进策略,对其提出针对性建议和措施。

2. 雷达装备保障性评估的特点

总结归纳雷达装备保障性评估的基本特点,具体如下:

1) 实用性

在雷达装备寿命周期的不同阶段,雷达装备保障性评估的具体目的虽有所差异,但总体目的都是为了提升装备保障性,雷达装备保障性评估的结果及相应的分析结论,为雷达装备保障性设计研制、优化改进,以及雷达装备作战运用、实施保障等环节提供了参考依据,凸显了雷达装备保障性评估的实用性。

2) 综合性

雷达装备保障性评估需要综合处理相应的评估数据,评估数据的来源途径各异,数据量庞大,这就要求雷达装备保障性评估方法在处理评估数据上具备综合性,确保评估数据利用的有效性,对评估结果的精确性提供保障。

3) 全面性

构建全面合理的雷达装备保障性评估指标体系是确保保障性评估科学有效的前提条件和关键支撑。全面性主要是针对雷达装备保障性评估指标体系而言,评估指标体系应该完备、健全、合理,要将影响保障性的各个方面的影响因素都涵盖在内,同时,全面的同时,仍要兼顾重点,筛选指标应择优选取确定,确保指标能够最大程度体现评估要求,确保指标的最优性、准确性。

4) 对比性

将雷达装备保障性评估方法应用于不同种类、不同型号的雷达装备,得出相应的评估结果,可将结果互相对比分析,确定保障性最优的装备或装备保障性的某个最优方面,以此作为设计改进、采办要求、使用反馈等工作的重要参考依据。

5) 局限性

现阶段,从已有的文献中看,针对雷达装备保障性评估方法的研究尚待进一步探索,成果有待补充,评估对象上涉及雷达装备的评估较少,针对雷达装备保障性评估方法的完整系统性论述介绍不足,评估对象有一定的局限性,同时,因为雷达装备保障性评估不可避免地要有人的主观参与,这些都将影响到某种评估方法的评估结论。此外,体系的复杂性使得一些对体系作战能力起着关键作用的因素如作战人员的指挥素养等都难以在评估中用具体数值体现出来,这在一定程度造成了贡献度评估的局限性。

雷达装备保障性若干问题分析

2.3.1 面向顾客/用户的雷达装备保障性需求识别

保障性是雷达装备的重要特性之一,其设计是一个系统工程,流程主要包括保障性需求的识别、保障性分析、保障性要求的确定、设计特性的规划分配、保障资源的分析规划、保障性设计研制实现、保障性试验与评价等方面,具体如图2.4所示。

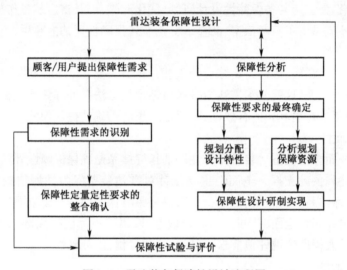

图 2.4 雷达装备保障性设计流程图

雷达装备保障性要在特定任务、阵地环境和使用条件下,方可进行设计研制,并经过迭代优化进而最终确定,而雷达保障性需求识别与确定是保障性设计的重点工作、重要基础和基本依据。

开展雷达装备保障性需求的识别,是进行保障性设计分析必要的前提条件,是确定雷达装备保障性设计要求的先行工作,能够为后续的保障性相关工作奠定基础。想要确定雷达保障性的定性定量要求,首先要对保障性需求进行识别,而识别的完善程度和质量效果,可以有效地影响雷达装备保障性设计整个过程。识别要遵循综合性、系统性、实践性等原则,其涵盖诸多工作项目,为保障性分析及其要求确定提供可靠的依据和基础。

针对装备保障性需求识别过程的分析,目前研究尚不深入,文献[55-56]列

24

举了确定保障性需求六点依据以及订购方和承制方的六项职责,对设计要求的确定进行了清晰详细的阐述,但缺乏对于需求识别这一过程的介绍,也没有对装备保障性设计参与的各方做出具体界定和区分;文献[57]给出的装备保障性要求中包括任务需求、顶层保障性要求、分层保障性要求三部分,但没有对各部分要求提出方做出划分,也没有对保障性需求识别详细介绍。

针对保障性需求提出和落实方面的问题,文献[58]指出装备设计方案有时无法全面有效地体现出保障性设计需求,而且存在着保障性需求抽象化、空泛化,以致识别时无法具体加以细化落实;文献[59]指出装备保障性要求提出不全面、不合理、不切合实际,以及保障性需求落实不全面、不彻底等问题,更加凸显了区分对象提出保障性需求以及进行保障性需求识别确认这两个问题的重要性。

雷达装备保障性需求提出方以顾客/用户为主体,由设计承制方会同顾客/用户进行沟通协调并形成组织,制定工作项目,对雷达装备保障性需求进行识别[60]。

根据文献的定义,结合雷达装备保障性设计实际,将面向顾客/用户的雷达装备保障性需求识别相关的定义概念[61]列举如下:

(1) 设计承制方。负责执行对雷达装备及其相关特性的研发、设计、制造工作,包括设计研制方、承制生产方等在内的单位。

(2) 顾客。有意愿能够接受或最终实际接受设计承制方按照其所提保障性需求而提供雷达装备的采办单位。在其接受设计承制方提供的雷达装备后,由其负责将雷达装备分配、发放至用户进行操作使用。

(3) 用户。接受顾客分配、发送的雷达装备,实际操作使用雷达装备的单位。

(4) 组织。为提出、识别雷达装备保障性需求,由顾客、用户、设计承制方等协同构成的一组人员。

(5) 策划。根据顾客/用户提出的雷达装备保障性需求和协调的人员组织,结合设计承制方对雷达装备的期望和掌握,构建识别目标及相关工作过程,确定所需资源,预测及面对可能的风险等,如图2.5所示。

成立多方协同组织,由顾客、用户和设计承制方共同组成,在识别工作中开展协作,以便理解相互之间的任务需求内容目标,采用最佳实践工具识别雷达装备保障性需求。

组织形式主要包括:

(1) 顾客与用户的沟通。用户可向顾客反映包括可靠性、维修性、测试性、安全性等在内的雷达装备保障性需求,这个需求是从用户使用操作、实际保障雷

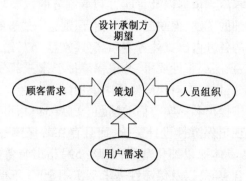

图 2.5 "策划"概念示意图

达装备的角度出发考虑的,顾客要全面及时收集整理用户的诉求和反馈,并进行补充和完善。

(2) 顾客与设计承制方的沟通。顾客除了要将自身对于雷达装备保障性的综合性参数需求告知设计承制方,还要将用户的需求条件转达给设计承制方,供其设计保障性时加以识别融入。

(3) 用户与设计承制方的沟通。用户可直接向设计承制方反映在实际操作使用和维修保障雷达装备时有关装备保障性设计特性参数以及保障资源参数等的意见建议,以期设计承制方能够充分考虑用户需求,优化设计雷达装备保障性。

雷达装备保障性设计中,对于保障性需求处理有一个从提出到识别,再到确认的过程,如图 2.6 所示。

设计承制方面向顾客/用户的雷达装备保障性需求识别过程,属于保障性设计过程的一部分,主要目的是理解顾客/用户对雷达装备保障性的需求,通过积极沟通和有效识别,使得设计承制方可理解、识别顾客/用户的需求。由于并非所有故障均源于设计缺陷,因而故障定义可与顾客/用户进行协调沟通,综合根据顾客/用户的各类层级故障定义来最终确定,再探讨改进优化保障性设计的必要性。

识别前期,设计承制方要对与雷达装备保障性设计有关的各方人员和需求进行梳理明确,而后,组织信息的识别处理并将输出信息传递给后续设计过程。在这个过程中,设计承制方要以雷达装备保障性最优为核心,以顾客/用户需求为牵引,以顾客/用户满意程度为指导,确保完整理解和定义顾客/用户的保障性需求并尽力满足顾客/用户需求;确保充分应对故障风险以增强使顾客/用户满意能力。

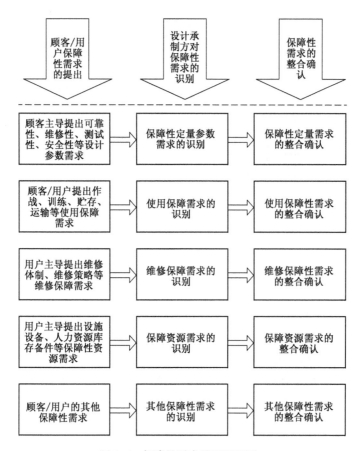

图 2.6 保障性需求处理过程图

识别过程的任务内容包括理解、识别顾客/用户保障性需求、任务强度剖面和环境应力剖面、使用操作需求等,初步形成设计思路。

识别的流程如图 2.7 所示。

识别前输入信息来源于顾客/用户或多方协同组织,主要包括:

(1) 雷达装备原理说明解读;

(2) 保障性需求;

(3) 经费预算需求;

(4) 已知确定的故障模式机理定义;

(5) 故障定义原则及故障风险评估准则;

(6) 雷达装备寿命周期的任务强度剖面和环境应力剖面,包括平时战时阵地环境、使用频次等;

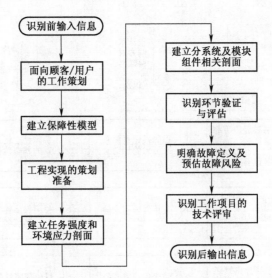

图 2.7　面向顾客/用户的雷达装备保障性需求识别流程图

（7）其他相关需求材料,如功能性能需求规范、测试规范、维护说明、维修保障说明等。

其中,顾客/用户的保障性需求可包括:

（1）可靠性、维修性、测试性、安全性、环境适应性、耐久性、生存性、人素工程需求等;

（2）预期的维修保障策略;

（3）相似装备保障性评估、保障策略和局限性等;

（4）相似装备包装、贮存、运输的数据、经验等。

识别过程结束后,将形成雷达装备保障性需求输出信息,满足雷达装备保障性分析及设计需要,具体包括:

（1）保障性工作计划,包括保障性设计工作项目、保障性证据包、保障性设计初始预算、人力资源计划等;

（2）应满足的、可予以实现的顾客/用户对雷达装备整体及关键分系统的保障性要求;

（3）保障性分解意向;

（4）故障定义及故障风险评估;

（5）对保障性需求识别的评估,确认顾客/用户需求已被设计承制方识别,且可设计实现;

（6）备选、优化、改进的保障性研究方案以及可用、设计所需的保障性技术,用以降低设计风险,缩短设计周期;

（7）技术状态项准入定义,包括顾客/用户指定或所需的新设计技术状态。

（8）其他相关保障性需求及保障性分析所需信息。

面向顾客/用户的雷达装备保障性需求识别方法,包括其人员组织、设计信息、工作项目和方法工具等,设计承制方通过与顾客/用户沟通协调,对其所提需求进行整合管理、梳理归类,最终识别确定顾客/用户的雷达装备保障性需求。面向顾客/用户的雷达装备保障性需求识别是雷达装备保障性设计的重要组成部分,为后续雷达装备保障性要求确认、保障性分析以及保障性设计整体过程奠定了理论基础,使雷达装备保障性设计目标更为清晰明确。

2.3.2　雷达装备保障性证据包研究

文献[62-63]指出现存产品数据包存在着在与顾客需求连接不紧密、忽略用户关注重点、规范性适用性欠缺等问题。而雷达装备在设计时,设计承制方会根据证据包进行保障性优化改进;在交付时,顾客及用户会对雷达装备保障性进行检验鉴定;在使用时,用户也会根据雷达装备保障性进行维修保养,因此,有必要建立用于记载雷达装备保障性设计过程中各类数据信息的证据性文件[64]。

雷达装备保障性证据包,是为了证明雷达装备保障性设计满足顾客/用户需求而建立的可供审查的证据性数据材料,其记录了雷达装备保障性设计研制中保障性需求识别、要求确认、策划部署、分析分配、工程实现等各阶段及结果的证据和论点;形成了与雷达装备保障性相关声明、观点、规范、要求等成文信息的客观记录集合,支撑保障性设计中各类目标及要求是否实现的判别。雷达装备保障性证据包既是保障性设计过程的客观证据,也是开展雷达装备保障性评估的重要依据,其所收集的各类保障性证据信息要准确、全面、可信并符合相应技术状态,交付给顾客/用户以获得顾客/用户认可。

雷达装备保障性证据包一般包括:

（1）雷达装备系统组成及描述文件;

（2）保障性定量要求、目标及顾客/用户保障性需求文件;

（3）保障性分析文件;

（4）各类保障性声明、观点材料;

（5）支撑保障性声明、观点的证据及可信性分析论据文件;

（6）各类保障性结论及建议材料;

（7）保障性制造工艺文件;

（8）各类针对保障性证据的试验、仿真、分析的认证记录文件;

（9）保障性设计改进和优化证据文件;

（10）使用操作、维修保障相关文件资料。

在保障性证据具体内涵方面,雷达装备保障性基础构成证据、功能性能证据及关键特性证据等几类证据必不可少:

(1) 基础构成证据。主要包括与雷达装备保障性有关的子系统、组件、元器件、材料质地等证据。

(2) 功能性能证据。主要包括雷达装备实际工作状态下的数据证据,体现装备的功能、性能,反映雷达装备保障性的系统完善程度。

(3) 关键特性证据。主要包括雷达装备保障性设计研制过程中的设计证据、制造工艺证据和全过程控制证据(含照片、录像)等装备关键特性的相关证据。

雷达装备保障性证据包的内涵结构如图2.8所示。

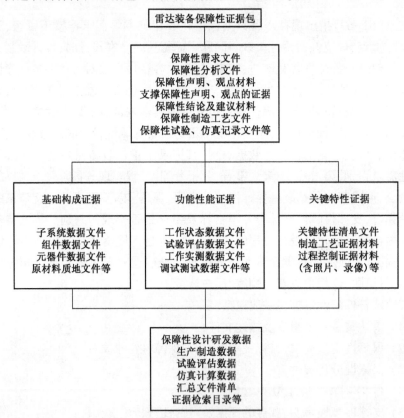

图2.8 保障性证据包内涵结构图

雷达装备保障性证据包的功用主要在于:确保雷达装备保障性符合标准要求;形成雷达装备保障性评估的合理依据和有效支撑;针对雷达装备保障性设计研制过程实施有效控制以及促进雷达装备保障性设计的完善成熟等。

一般由设计承制方负责构建雷达装备保障性证据包,构建雷达装备保障性证据包主要包括设计策划、细化分析、规范格式、记录整理、审查评估、总结反馈、汇总归档等环节,其构建流程如图2.9所示。

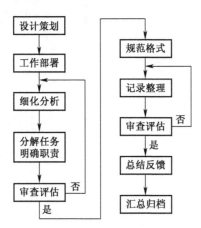

图2.9 保障性证据包构建流程图

提供一份保障性证据包证据记录整理示例表如表2.2所示。

表2.2 保障性证据包证据记录整理示例表

雷达装备型号:
系统(子系统/组件/元器件)名称:
工作环境条件:
证据所处的装备寿命周期阶段:
责任人:
日期:

保障性项目	产品证据	过程证据	保障性设计证据 (包括"六性"、计划的保障资源等保障性设计具体证据材料)	备注
项目1 项目2 项目3 ...				

运用5W2H分析法[65]对雷达装备保障性证据包的构建进行策划分析,为什么构建保障性证据包(Why),保障性证据包包括什么(What),在哪里应用保障性证据包(Where),什么时间完成保障性证据包构建(When),由谁负责构建保障性证据包(Who),如何构建保障性证据包(How),保障性证据包效果如何(How much)等,具体如图2.10所示。

31

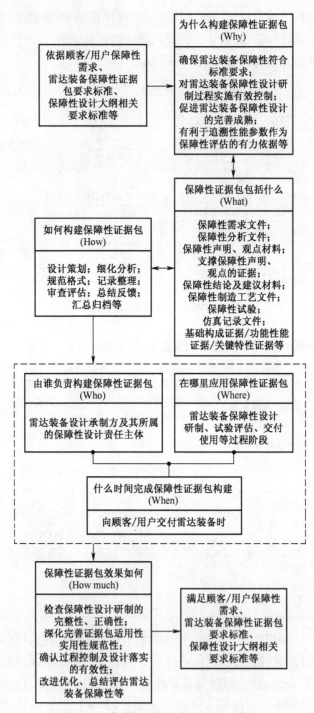

图 2.10　保障性证据包策划分析示意图

利用保障性证据包对各种观点进行符合性验证,既是保障性证据包构建的一项工作内容,也是雷达装备保障性评估的一个重要组成部分,其过程如图2.11所示。

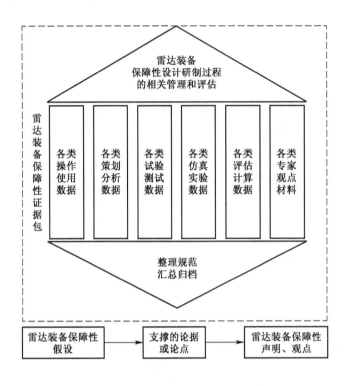

图 2.11 基于保障性证据包的符合性验证过程

针对雷达装备保障性证据包的优化,包括从其适用性、实用性及规范性等方面予以增强。为了使保障性证据包与保障性设计需求相协调;满足设计项目策划的各类要求;符合研制生产的工作实际,需要对保障性证据包进行修正改进,以增强其适用性。保障性证据包要满足顾客/用户保障性需求,从顾客/用户角度出发,以顾客/用户关注焦点为研究重点,需要对证据包内容的设计规划进行改进,以优化其实用性。保障性证据包要求格式规范、显示清晰、周密详实,可进一步对其内涵、格式进行补充、修改,以完善其规范性。

保障性证据包可作为雷达装备保障性达标的证据性材料,为顾客/用户对雷达装备进行检验接收提供文件依据,为设计承制方对雷达装备进行保障性设计提供数据支撑,为雷达装备的保障性评估提供参考依据。

2.3.3　雷达装备保障资源规划要求分析

雷达装备保障资源是为满足雷达装备战备完好性和持续作战能力要求所需的物资、技术及人员,主要包括保障设施、保障设备、备品备件、人力人员、培训训练、技术资料、装运方案、计算机资源等。雷达装备保障资源是雷达装备形成战斗力的基础,是雷达装备保障系统的重要组成部分,是雷达装备使用和维修保障任务的物质基础。雷达装备的保障性取决于雷达装备的战备完好性、设计特性和计划的保障资源等方面,因此,在保障性设计过程中,雷达装备保障资源规划是必不可少的环节,而雷达装备保障资源规划要求,将直接影响保障资源的充足与匹配程度。

文献[66]指出了现阶段装备保障资源规划中存在的若干问题;文献[67-68]针对保障资源存在的问题,制定了整合装备保障资源的措施,提出了装备保障资源规划建设集约化思想。目前,对导弹装备、航空装备等的保障资源方面的研究较多,而对雷达装备保障资源规划的一般性要求和具体内容方面的研究尚待加强。雷达装备保障资源规划可划分为物资保障资源规划、人力保障资源规划、信息保障资源规划三种类型,本书针对文献中列举的问题,结合雷达装备实际,研究分析了雷达装备保障资源规划的一般要求及相关具体内容[69]。

雷达装备保障资源规划,是通过规划雷达装备保障资源的配置,分析确定雷达装备保障资源的要求,并按要求对规划使用和维修保障过程中提出的初步保障资源需求进行协调、优化和综合,并形成最终的雷达装备保障资源需求。

雷达装备保障资源规划要求会对雷达装备效能、作战能力、生存能力以及寿命周期费用等产生重要影响[70],其合理性也直接决定雷达装备保障性的优劣等级。因此,制定科学合理、全面准确的雷达装备保障资源规划要求,对于保障雷达装备快速稳定地生成战斗力具有重要意义。

雷达装备保障资源与雷达装备战备完好性的关系如图2.12所示。

雷达装备保障设施按用途可以分为维修设施、供应设施、训练设施和阵地设施等,其规划的一般要求如下:

(1) 合理划分各级维修体制,尽量降低雷达装备对专用维修设施的要求;

(2) 将维修设施建在适宜开展保障工作的地点,并给予足够空间;

(3) 确定保障作业所需的工作环境,如温度、湿度、照明等,确保保障设施和建造质量符合国家要求;

(4) 维修设施要具备配套的电源配置,以及防静电、防尘、铺设地线等要求;

(5) 考虑保障设施的伪装性、隐蔽性要求;

(6) 考虑对保障设施的保障问题,如保障设施的技术资料等;

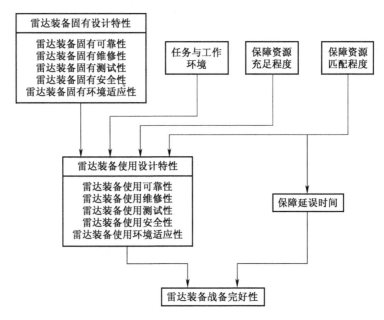

图 2.12 雷达装备保障资源与战备完好性关系示意图

（7）由顾客/用户主导提出对于保障设施的需求,收集已有保障设施的相关数据资料,提交给设计承制方供参考借鉴。设计承制方经分析论证评估,提出相应雷达装备保障设施初步建设规划的要求,并将要求交付顾客/用户,由顾客/用户参考要求自行建立雷达装备保障设施。

雷达装备保障设备是指用于对雷达装备进行操作使用与维护修理等保障工作的相关设备,根据雷达装备维修任务及保障资源需求,分别列举各级各单位的保障设备清单,主要包括维修设备、测试设备、计量设备、校准设备、运输设备、装卸设备等。进行雷达装备保障设备规划可参考如下要求:

（1）多采用通用保障设备,减少专用保障设备;

（2）简化设备品种,形成型谱;

（3）将保障设备与雷达装备同步进行研制,在顾客/用户接装时,随同雷达装备一起将保障设备配套交付给顾客/用户;

（4）提高保障设备与雷达装备之间的联系匹配程度;

（5）提高保障设备与雷达装备其他保障资源之间的联系匹配程度;

（6）提高保障设备与雷达装备担负任务之间的联系程度;

（7）考虑保障设备的保障问题,具体包括保障设备的技术资料、保障设备的供应调配、保障设备的备品备件、保障设备的操作使用、保障设备的培训训练等;

（8）考虑雷达装备中软件保障所需的设备和工具；

（9）由雷达装备设计承制方根据雷达装备的任务、使用环境、人员技术等级、保障模式、费用估计等情况，提出保障设备要求，并按要求进行设计研制及改进。

雷达装备备件包括初始备件、后续备件、可修复备件、不修复备件、消耗件和寿命件等。备品备件规划一般要求如下：

（1）根据雷达装备保障性要求确定备品备件的供应要求；

（2）雷达装备出厂时确保备齐初始备件，提供初始备件清单；

（3）按需求及时提供后续备件以及后续备件清单；

（4）提供适量的备品备件作为随机备件，与雷达装备一并交付顾客/用户使用；

（5）优先规划可能产生致命性故障的关重件备件，以及会影响雷达装备安全性的关重件备件；

（6）对成本高、故障概率低的非关重件，在积累一定使用数据后，再确定补充备品备件数量；

（7）备品备件的数量及补充时间，依据备品备件的可靠性、雷达装备累计工作时间等因素，综合考虑确定。

雷达装备保障人力人员作为保障资源的重要因素，主要是指从事雷达装备维修保障相关工作的人员的数量、专业素质要求、专业技术等级、编制体制等。有关维修保障人员的规划要求，一般按照专业技术予以划分归类，也可按照每个专业技术相应的不同专业技术等级进行分类。

根据雷达装备使用与维修任务的需求，规划雷达装备使用与维修保障人力人员，一般要求如下：

（1）根据顾客/用户单位编制、维修体制对人员数量、专业技术等级的约束等，规划人力人员；

（2）将战时抢修人员配置纳入规划；

（3）通过雷达装备保障性分析，将雷达装备保障工作进行分类，参考现役雷达装备人员专业分工，提出使用人员和维修人员专业需求，并确定其相应技术水平要求；

（4）雷达装备保障性设计时，尽量降低对雷达装备使用与维修人员数量、专业技术等级的要求；

（5）根据雷达装备保障机构所担负的保障任务，规划该机构人力人员资源编配，使人力人员配置与机构担负的保障任务相匹配；

（6）将人员来源、补充及培训等纳入规划设计；

（7）根据雷达装备工作任务，考虑人员兼任部分工作任务的情况；

（8）雷达装备保障性设计中，设计承制方根据雷达装备的使用与维修需求，向用户提出保障人员初步需求清单；雷达装备交付部署后，允许顾客/用户根据编制和雷达装备具体使用情况对保障人员做出调整。

雷达装备培训分为接装培训和后续培训两个阶段。接装培训是指顾客/用户接收雷达装备前，由设计承制方为顾客/用户选拔培训最初的使用与维修人员而进行的培训和训练。后续培训是在雷达装备使用期间，由顾客/用户主导组织，设计承制方提供技术支持，为培养雷达后续使用与维修人员而进行的培训和训练。

针对雷达操作人员和维修人员，根据职责分工不同，分别开展培训，使各类人员尽快熟悉雷达装备，掌握相应技能。培训内容一般包括雷达原理、系统组成、系统框图、工作方式、使用操作、架设撤收、贮存运输、维修维护等。表2.3列出一份建议培训课程及相关内容示例。

表2.3 雷达装备建议培训课程示例表

培训课程序号	培训课程名称	培训主要内容
1	雷达原理	天线、发射接收技术、主要战技术指标等
2	仪表与维修设备使用	示波器、功率计、频谱分析仪、信号发生器等
3	天线阵面技术	阵面组成、收发技术、常见故障模式、维修方法等
4	信号处理技术	信号处理原理、MTI/MTD、CFAR、点迹处理、常见故障模式、软硬件维修方法等
5	显示与控制技术	显控台设备组成、功能原理、操作系统使用、软件维护、常见故障模式及维修方法等
6	冷却技术原理与设备	阵面冷却系统组成、原理及设备维护等
7	天线座与伺服技术	天线座机械结构维护保养、伺服设备组成、功能原理、常见故障模式及维修方法等
8	电源与配电技术	电源故障检修、油机电站保养、供配电线路检修等
9	BITE原理与技术	BITE功能、组成、原理等
10	雷达装备维修实习	天线阵面维护、仪器仪表使用、BITE使用、雷达测试检修、电源测试检修等

雷达装备随机技术资料通常包括使用说明书、技术说明书、修理手册、装备图册、软件使用与维护手册、配套设备和附属设备使用维修资料、保障性证据包、履历书、各类清单等。一般要求包括：

（1）反映雷达装备的技术状态和使用维修具体要求；

（2）根据不同保障模式、维修级别、维修机构编制相应技术资料；

（3）维修资料包括维修保障方案、维修任务分配规划方案、具体维修策略方法、电路图册等；

（4）维修资料的具体内容包括工作原理、故障模式、故障现象、故障原因、故障机理、故障影响、维修方法、维修程序等；

（5）雷达装备随机交付给顾客/用户的资料一般为格式规范的交互式电子技术手册（Interactive Electronic Technical Manual, IETM）和纸质文件资料；

（6）技术资料内容与雷达装备技术状态保持一致，并确保同步更新；

（7）电子技术资料可附带配套的阅读工具，便于查阅、编辑。

雷达装备技术资料，一般包括以下随机资料，具体内容如图 2.13 所示。

雷达装备计算机保障资源，主要包括雷达装备中与计算机相关的硬件、软件等。其一般要求如下：

（1）满足计算机资源保障条件，主要包括硬件、软件、程序模块化、语言等方面；

（2）考虑对计算机资源的保障设施、设备、工具、人员等保障资源和环境因素；

（3）满足计算机硬件、软件及相关接口的系统环境要求；

（4）满足计算机软件保障性、数据完整性等要求；

（5）满足对使用与维护人员的培训要求，以及对技术资料中如软件文档、软件用户手册的要求；

（6）在雷达装备保障性设计时，选用适宜的软件开发技术，构建适宜的软件体系结构，使软件具备良好的保障性；

（7）编制计算机资源寿命周期管理计划，并及时更新；

（8）提出计算机资源中关重件的备品备件及库存建议；

（9）针对雷达装备寿命周期内面临停产的计算机资源，提出相应保障建议，或制定相应持续保障方案。

雷达装备储存装运方案主要包括针对雷达装备包装、装卸、贮存和运输保障等要素，经规划设计而提出的建议或编制的方案，一般要求包括：

（1）根据雷达装备设计要求，结合雷达装备结构设计方案，针对不同的运输形式，提出相应建议，包括交通运输条件、装卸条件、运输载重量、运输速度等要素，编制雷达装备装卸、运输方案；

（2）针对雷达装备不同的存放环境、工作条件及运输形式，提出雷达装备贮存保管、包装防护建议，确保雷达装备无损坏、锈蚀、变质等；

（3）明确雷达装备的尺寸、重量、分体、组装及堆码方式等限制。

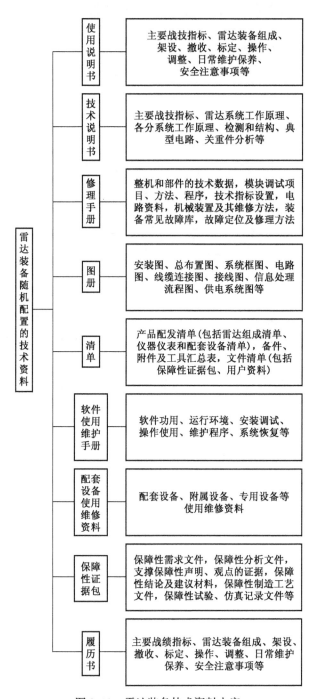

图 2.13　雷达装备技术资料内容

以上针对雷达装备物资、人力、信息等保障资源的规划,从一般要求和具体内容等方面进行了分析,增强了雷达装备保障资源规划的针对性,为雷达装备保障性设计和评估提供了依据和参考。

2.4 本 章 小 结

本章的主要工作是在已有相关文献资料和已经取得的相关研究成果基础上,对保障性的定义、保障性评估、雷达装备保障性评估的基本概念、保障性评估方法进行了归纳;总结了保障性评估方法,并作出对比分析;总结了雷达装备保障性及其评估的特点;给出了雷达装备保障性评估的主要流程。针对雷达装备保障性方面的三个问题作了重点剖析:一是分析了面向顾客/用户的雷达装备保障性需求识别,可解决雷达装备保障性需求识别不清晰彻底、不全面完善等问题;二是研究介绍了雷达装备保障性证据包,用于记载雷达装备保障性设计过程中各类数据信息,能够证明雷达装备保障性设计满足顾客/用户需求等;三是对雷达装备保障资源规划要求进行了较为全面系统的分析,一定程度上填补了雷达装备保障性资源规划要求方面研究的空白。本章主要研究的是雷达装备保障性评估相关理论,为本书下一步雷达装备保障性评估方法的研究奠定了理论基础。

第 3 章
雷达装备保障性评估指标体系

本章归纳总结雷达装备保障性评估指标体系的构建思路、原则要求、主要内容及流程等，遵循以上构建评估指标体系的基本理论，综合运用多种方法，科学、合理、准确地选定评估指标，并对评估指标进行预处理，最终建立起全面的雷达装备保障性评估指标体系，给出体系框图，按照雷达装备保障性的内涵，合理准确地将体系划分出各级结构层次，分析介绍体系中各主要指标的概念内涵，确保所建雷达装备保障性评估指标体系的完备性、准确性、可行性。同时，引入粗糙集理论的属性约简原理，通过咨询专家给各评估指标对雷达装备保障性的重要程度进行打分，对专家的评分结果进行处理，筛选出影响程度小的指标，得到约简后的雷达装备保障性评估指标体系，为后续的评估工作奠定坚实的基础。

3.1 评估指标体系构建的基本理论

3.1.1 评估指标体系的构建思路

当前，许多文献中存在着评估指标体系理论不够科学完整、评估指标体系不完备具体、评估指标体系层次结构欠佳、评估指标与评估目标关系不紧密等问题。同时针对雷达装备保障性构建评估指标体系的文献数量不多，少数文献提及，但也存在以上共性问题，因此，构建科学完备的雷达装备保障性评估指标体系显得尤为重要。

雷达装备结构复杂、系统多样，雷达装备的保障性是雷达装备各部分结构、各分系统相互协调配合、共同作用而表现出来的一种特性，它是评估指标体系中各指标组合整体达到的最优化，而不是靠某一部分的"一锤定音"，也不是各部分的简单累加，由此可见，构建雷达装备保障性评估指标体系，必须要遵循正确的指导思路。

构建评估指标体系是一个全面、科学、系统的工程,也是雷达装备保障性评估工作的重要前提和关键环节,将直接影响雷达装备保障性评估工作的结果与成效,只有充分保证评估指标体系的科学合理,才会得出有效可信的评估结论。因此,必须充分考虑雷达装备保障性自身特点,将影响雷达装备保障性的各个部分都涵盖在内,并依据评估指标体系原则要求,确保纳入体系中的指标全面性、准确性等,运用科学合理的筛选方法,以提升雷达装备保障性为目标,对雷达装备保障性指标分层细化,确保评估指标体系的完备性等,使评估指标体系能够从各方面、多角度、全方位地反映雷达装备保障性。

构建雷达装备保障性评估指标体系,是以提升雷达装备保障性为指导,立足雷达装备实际,突出雷达装备自身保障性特点,着眼于从整体到局部、从顶层到底层的角度,运用系统工程理论综合考虑分析,搭建框架结构、理清层次脉络、确定具体指标,使构建的评估指标体系能对雷达装备保障性的内涵和特征有一个全面、系统、充分的概括和体现。

3.1.2 评估指标体系构建的原则要求

雷达装备保障性评估指标体系的建立、指标的选取等,既要考虑雷达装备自身特点及实际,又必须遵循评估指标体系构建的原则要求,因此,为保证评估方法的科学适用以及评估结果的全面准确,构建雷达装备保障性评估指标体系应遵循以下原则要求:

1. 科学性

评估雷达装备保障性,就是分析现有雷达装备保障性的状况,评估指标体系必须将雷达装备保障性的真实情况体现出来,从而找出保障性方面的设计缺陷及不足,为雷达装备的设计优化提供参考依据,并指导下一步同类装备保障性设计工作的开展,确保雷达装备保障性水平有所提升,这就要求评估指标体系必须遵循科学性的原则。

2. 规范性

评价指标的选取和确定不能主观臆造,必须依据雷达装备相关条例、规范等文件规定,选取与雷达装备保障性密切相关的通用性评估指标,为采集评估指标数据提供便捷,增强评估指标体系及评估结果的可信度。

3. 完备性

评估雷达装备保障性,要综合考虑影响保障性的各个方面,评估指标体系的完备性,具体而言,就要求评估指标具有全面性,做到指标不缺项、不留白,做到层次有秩序,做到体系全覆盖。

4. 客观性

雷达装备评估指标体系的设计要符合雷达装备及其保障工作的自身特点，同时要结合设计雷达装备各方的具体实际，使确定的指标切实准确、客观可行、真实可信，减少主观臆造指标、指标定义偏差等失误因素。

5. 独立性

各指标之间应保持较低的相关性及相容性，不能相互取代或相互包含，以避免评估结果受到干扰而不准确，各指标应尽力体现独有的装备保障性状况的某一方面，各指标之间应该相互独立，尽力避免重复、交叉的现象存在。

6. 可行性

评估指标体系应做到系统结构完整、层次秩序井然、脉络关系清晰、原则要求达标，评估指标应明晰确切、简洁易懂、操作便捷。

7. 可比性

各评估指标之间应当是可以相互比较的，在指标相对重要度以及权重的判定过程中往往需要遵循此原则要求，此外，还包括对雷达装备保障性数据进行无量纲转化等处理，以实现指标间的统筹协调，综合评估。

8. 定性与定量相结合

定性指的是对雷达装备保障性某些指标进行的主观判断和评价，常用于采集重要度、难易度、合理性等指标数据。此类指标的评估判定往往较为抽象，带有一定的主观性，评估主体的不同、主观知识经验的不同、考虑问题角度不同等，都会对评估结果产生影响，因此经常运用德尔菲法或层次分析法等，将其意志转化为定量数据，再进行评估计算，提升评估结果的准确性。定量指的是单纯依赖数据进行评估计算，评估结果具有较强的客观性，但也存在与实际有所偏差的缺点。

9. 静态与动态相结合

静态指的是设置确定的雷达装备保障性评估指标，可对历史或既定状态条件下的雷达装备保障性进行评估。动态指的是设置确定的雷达装备保障性评估指标，不仅止于静态的评估范畴，而且在静态评估的基础上，注重雷达装备实时状况，考虑其将来的发展状况或趋势，二者结合的评估指标体系可使评估结果更为全面准确。

3.1.3 评估指标体系的构建内容

根据系统工程理论，关于系统，有以下两点论断[71]：

（1）系统中的各个部分都将影响和作用于系统整体；

（2）系统中的各个层次性能和功用有所差异，系统的结构层次发生变化，则系统的整体特性也将受其影响有所改变。

以上两点可以看出,系统的建立,离不开组成要素与结构层次两个重要部分,雷达装备保障性评估体系就可以看作一个系统,包括评估指标和体系结构层次两方面。组成元素是各个保障性评估指标,结构层次指的是指标的等级划分、分层归类以及指标间的相互关联关系等。雷达装备保障性评估指标体系构建的主要内容包括选取、设置评估指标及建立划分结构层次。

(1) 选取、设置评估指标。

根据雷达装备保障性评估的要求,结合实际情况,设置评估指标体系,并进一步筛选处理和明确释义,最终确定组成雷达装备保障性评估指标体系的各个指标。对各个指标的概念释义、数据获取方式和计算处理等,都要一一确定下来,并予以准确而详尽的解释,然后指标赋权、评估模型等方可应用体系中的指标数据,进行评估分析。

(2) 建立、划分结构层次。

选取设置好评估指标以后,需要考虑评估指标体系中的结构层次应如何建立和划分,雷达装备保障性评估属于综合评估问题,涉及的方面多而复杂,要达到评估目的,提高评估效率,提升评估结果准确性、可信度,就必须理顺评估指标之间的相互关系,明晰评估指标体系的层次脉络,合理构建评估指标体系的结构框架,最终形成一个结构层次明了、内容细致具体、隶属关系清晰的评估指标体系,如图 3.1 所示。

3.1.4　评估指标体系的构建流程

评估指标体系构建的一般流程如图 3.2 所示。

1. 分析确定评估目标

要构建指标体系,首先是要确定评估目标,本书所建指标体系的评估目标即为雷达装备保障性,评估指标体系是针对评估目标的一种全面描述。评估目标分为总体评估目标与分层评估目标两类:总体评估目标是雷达装备保障性,指标体系整体都围绕总体评估目标而展开;分层评估目标及其各组成部分服从于总体评估目标,分层评估目标是对总体评估目标的细化分解,以便更好地对总体评估目标加以落实和实现。

2. 明确遵循原则要求

要使评估指标体系科学可行,就必须遵循相应的评估原则和要求。评估指标的选取、结构层次的划分、指标体系的确立,都不是单纯的叠加组合,必须按照一定的原则和要求来确定,这样才能准确反映出雷达装备保障性的实际状态和客观情况。

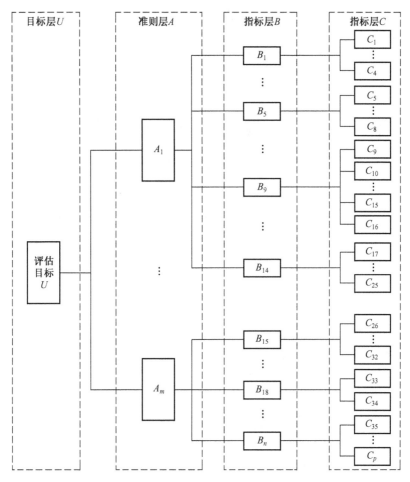

图 3.1 评估指标体系结构层次示意图

3. 选取确定评估指标

评估指标是针对评估目标某一方面内容具体而准确的描述和反映。构建评估指标体系时,对于指标的选取应尽量做到全面、详细、准确,做到不遗漏、无错误,同时,也要尽力避免指标的重复和交叉,因此,在选取确定评估指标时,应反复加以论证,综合权衡考量。

4. 划分确定结构层级

依据雷达装备保障性的具体内涵,对评估指标体系进行系统性分析,选取确定评估指标并加以细化研究,梳理指标间相互关系,明确上下级隶属关系,并根据指标间相互关联和隶属关系,划分指标体系的结构层次,建立相对全面完善的评估指标体系。评估指标体系的常用结构包括层次型和网络型两种,雷达装备

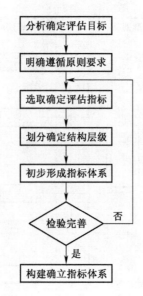

图 3.2　评估指标体系构建流程图

保障性评估指标体系属于层次型结构。

5. 初步形成指标体系

整理综合以上工作,形成评估指标体系的初步方案,用于检验,可后续予以调整、补充、删减。

6. 检验是否完善准确

对评估指标及评估指标体系的检验至关重要,检验主要针对评估指标的准确性及评估指标体系的完善性,经检验若存在不符合要求之处,则需返回前阶段重新进行构建,针对不符合要求的地方,反复征求雷达装备保障性相关专家人员的意见建议,对指标体系进行修改、调整和完善。

7. 构建确立指标体系

汇总整理以上工作,将所有准确选定的评估指标,科学合理划定结构层次关系,组成一个系统性的整体,就构建形成了较为全面完备的评估指标体系。

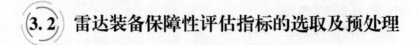 3.2 雷达装备保障性评估指标的选取及预处理

3.2.1 评估指标的选取

科学全面地选取评价指标,能够为整个综合评估工作奠定坚实的基础,评估

指标的选取,可以依据还原论或整体论[72]两种不同的理论。

还原论,指的是针对评估对象,根据评估要求,将评估目标分解细化,到达评估指标体系的最底层,选取与评估目标相关、与各层级相匹配的评估指标,运用还原论进行评估指标的选取必须基于对雷达装备保障性的全面认识和综合把握。

整体论,不关心评估对象的结构层次,把评估对象看作"黑盒",对其体系脉络、结构层次、关联关系均不予以分析,评估工作的主要依据就是"黑盒"的输入和输出元素及相互关系,以此选取评估指标,构建指标体系。

根据雷达装备保障性的特点和实际,本书介绍的雷达装备保障性评估方法中,采用还原论选取评估指标,构建评估指标体系。具体而言,评估对象为雷达装备保障性,评估依据为指标体系构建原则及雷达装备保障性自身实际,以雷达装备保障性评估目标为牵引,按照雷达装备保障性评估要求,将雷达装备保障性的各组成部分、要素加以细化、具体化,而后从中选取相应的评估指标,再对选取的各评估指标加工处理、综合分析,进而形成雷达装备保障性评估指标体系。

雷达装备保障性评估指标的选取大致可遵循如下几个步骤:

(1)对雷达装备保障性进行剖析,查阅与雷达装备保障性相关的文献资料、条例规定、标准规范、技术要求等,进行实地考察调研,访谈专家及各方相关人员,整理意见建议,力求全面掌握雷达装备保障性实际情况。

(2)依据雷达装备保障性的内涵,将保障性分解为三方面,再根据三方面的内涵要求,进一步细化分解,即针对保障性的每个方面,设计选取相关的评估指标,一一列举出来,构成底层评估指标,由此完成雷达装备保障性评估指标的初步选定。

(3)将雷达装备保障性评估指标的初步选定方案发放至雷达装备设计、采办、使用等单位进行询问、论证、检验等,收集整理各方专家人员对初步选取的评估指标的反馈意见,再作用于指标体系的选取优化,循环此步工作,确保评估指标选取的准确性、合理性、完备性。

参考德尔菲法,在进行雷达装备保障性评估指标的选取时,可运用以下几种方法:

(1)文献整理分析。

收集近年来关于装备评估的文献资料,针对有关装备评估指标的选取、体系的构建、评估对象的分析等重点,进行整理归纳,为雷达装备保障性评估指标的选取参考和指导,再结合雷达装备保障性评估的目标要求及实际情况,选取相应的评估指标,形成初步的体系框架。

(2)专家咨询访问。

在文献整理分析的基础上,可以在一个大致范围内选定一定的评估指标,结合雷达装备设计、采办、使用过程中对于保障性的具体要求及思想认识,运用专家咨询调查的方法,确保专家来源的代表性、全面性、权威性,通过访谈、邮件、书信等方式,向设计单位、采办单位、使用单位以及科研院所等单位的专家征求意见建议,专家根据自身学历知识、工作经历、行业经验及对雷达装备保障性的认知,对评估指标进行进一步的筛选和审定,提出指标选定的意见建议。

(3) 问卷调查统计。

基于文献整理分析与专家咨询调查的指标初选结果,设计制定调查问卷,面向雷达装备设计单位、采办单位、使用单位以及科研院所等单位,力求做到针对性调查、分层次调查、全覆盖调查,对评估指标选取的准确性、完备性以及体系结构的合理性等进行进一步的论证和确定。

综合运用以上几种方法,可按照图 3.3 流程进行雷达装备保障性评估指标的选取。

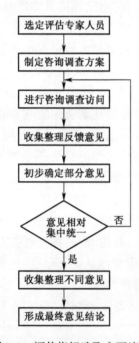

图 3.3　评估指标选取主要流程图

3.2.2　评估指标的预处理

在评估指标选取后,可先对其进行预处理,预处理的目的主要包括以下几点:

（1）对评估指标进行筛选,将不适宜评估对象、对评估目标作用欠缺的指标予以剔除删减;

（2）将涵义相同或相近、独立性不强的评估指标予以整合;

（3）明确选取确定指标的涵义,对指标进行修正、增删,确保选定评估指标的准确性、独立性。

针对以上目的,对评估指标做预处理可运用的数学计算方法较多,常用的方法主要有如下几种:

（1）专家问卷筛选法。

在对专家咨询访问后选取评估指标的基础上,将评估指标汇总整理,以对评估指标进行筛选预处理为目的,设计拟制一份调查问卷,调查问卷的内容包含初期选定的全部评估指标,将问卷发放至各专家手中,征求专家对初期选定指标的筛选取舍意见建议,针对处理相对困难、有较多异议质疑的评估指标,需要对专家进行多次询问调查,反复征求专家意见,广泛收集专家反馈等,问卷回收后,将专家反馈的意见建议进行汇总整理,归纳总结出评估指标预处理的综合意见。此方法可在评估中反复采用,直至选取的评估指标基本无疑义,并取得基本共识和相对确定的结论为止。

（2）线性相关系数法。

在选取评估指标后,可按照一定的结构、层次、类别将评估指标进行划分归类,从各类指标中,对评估指标进一步筛选预处理,留下典型、具有代表性的指标,剔除相关性小、代表性不明显的指标。具体操作步骤如下:

将选取的评估指标划分为若干类别,类别 L 共有 m 个,在第 i 个类别 L 中,选取的评估指标有 n 个,记为 $L_i = \{a_{i1}, a_{i2}, \cdots, a_{in}\}$, $a_{ij}(i=1,2\cdots,m; j=1,2\cdots,n)$ 代表第 i 类的第 j 个评估指标,计算同一类别 L 中包含的各评估指标相互之间的线性相关系数,记为 γ_{ij}, γ_{ij} 代表指标 a_{ij} 与除自身以外其他评估指标的线性相关系数,由 γ_{ij} 构成矩阵 Γ:

$$\Gamma = \begin{bmatrix} \gamma_{11} & \gamma_{12} & \cdots & \gamma_{1n} \\ \gamma_{21} & \gamma_{22} & \cdots & \gamma_{2n} \\ \vdots & \vdots & \ddots & \vdots \\ \gamma_{m1} & \gamma_{m2} & \cdots & \gamma_{mn} \end{bmatrix} \tag{3.1}$$

依据指标 a_{ij} 与除自身以外其他评估指标的线性相关系数 γ_{ij},计算相关度 γ'_{ij}:

$$\gamma'_{ij} = \frac{1}{n-1}\left(\sum_{j=1}^{n} \gamma_{ij} - 1\right) \tag{3.2}$$

将得到的 γ'_{ij} 在同一类别中进行互相比较,优先选取保留值大的 γ'_{ij} 所对应的评估指标,值小的 γ'_{ij} 所对应的评估指标可根据具体情况做删减处理。

（3）等级分值量化法。

将定性指标进行定量化处理,也属于评估指标预处理的范畴,同时,定性指标要参与到评估模型的计算当中,许多也要转化为定量指标,方可便于运算得出结果。将评估指标中的定性指标进行量化处理,如优秀、良好、一般、较差、极差五级制等。在雷达装备保障性评估体系中,选取的评估指标均可按此类方法予以量化,可采用的具体方法包括专家打分法等。将雷达装备保障性评估指标按情况划分相应等级,不同的等级设置相对应的不同分值,按照雷达装备保障性实际情况,将评估指标划定至各等级中去,确保与实际相符,保证一定的客观性,然后,运用评估指标所在等级的对应分值,完成对评估指标的定量度量,参与下一步雷达装备保障性评估算法模型的运算分析。

3.3　雷达装备保障性评估指标体系的确立

3.3.1　雷达装备保障性评估指标体系

根据评估指标体系构建的基本理论、雷达装备保障性评估指标的选取及预处理,建立雷达装备保障性评估指标体系如图 3.4 所示。

3.3.2　雷达装备保障性评估指标的内涵释义

1. 雷达装备战备完好性（Operational Readiness）等保障性综合指标

雷达装备的战备完好性指的是雷达装备处于平时或战时条件下,在领受作战任务、接到作战命令时,能随时实施预定作战计划、开始执行规定作战任务的能力。雷达装备的战备完好性与雷达装备的可靠性、维修性、保障资源等多方面都有着密不可分的关系,是可用于衡量雷达装备保障性的一个综合性指标、基础性指标。

1）战备完好率

战备完好率指的是当接到命令需要雷达装备参与作战任务时,雷达装备状态完好能够随时执行规定作战任务的概率。战备完好率模型的建立要综合考虑雷达装备保障性设计特性及保障资源条件等。

2）任务持续能力

任务持续能力通常用任务持续度来衡量,雷达装备任务持续度指的是在任

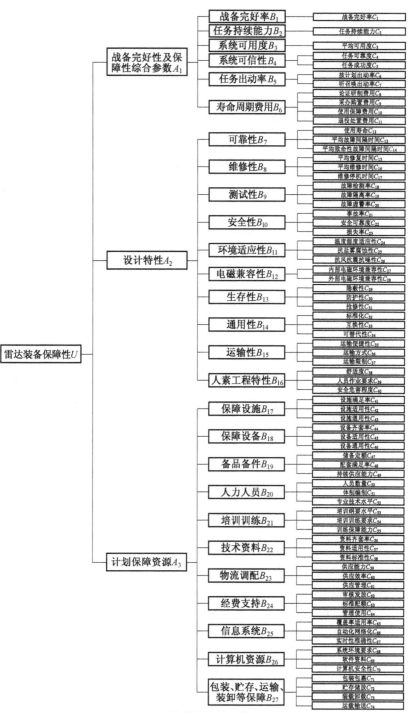

图 3.4 雷达装备保障性评估指标体系

务持续时间和装备保障条件规定不变的情况下,雷达装备达到要求的任务强度,或者达到规定的任务时间的概率。

3）使用寿命(Useful Life)

使用寿命是指在规定的条件下,雷达装备能够正常使用的最大期限。一般是从雷达装备投入使用开始,到出现不可修复的故障或不能接受的故障率为止。

4）系统可用度(Availability)

系统可用度指的是当有需要执行任务和开始执行任务的任何一个随机时刻,雷达装备处于即时可工作状态或者即时可使用状态的概率。具体实际中,常采用平均可用度来加以衡量。

5）系统可信性(Dependability)

系统可信性指的是在规定条件、规定任务下的任何一个随机时间时刻,雷达装备满足使用要求能够即时使用,并且能够完成规定任务、达到规定目标的能力,雷达装备在执行任务过程中,其受与任务相关指标参数的综合影响,也属于一个综合指标。常用任务可靠度(Mission Reliability)和任务成功度(Rate of Mission Success)两个指标加以衡量。

6）任务出动率(Rate of Combat Sortie)

任务出动率是指在指定区域范围内,指定成建制的雷达装备使用单位,执行作战任务实际出动的雷达装备与指定区域范围、指定成建制雷达装备使用单位内雷达装备实有总数的比值,常以百分比表示,用按计划出动率、听召唤出动率两个指标进行衡量。

7）寿命周期费用(Life Cycle Cost,LCC)

寿命周期费用指的是在雷达装备寿命周期内的论证立项、鉴定定型、生产部署与使用维护等各阶段所需的全部费用。主要包括论证研制费用、采办购置费用、使用保障费用、退役处置费用等四类费用。

2. 雷达装备保障性设计特性

雷达装备保障性设计特性指的是与雷达装备保障性相关的所有设计特性,是设计时就赋予雷达装备的固有特性,取决于设计阶段确定的技术状态。雷达装备保障性设计特性优良,意味着雷达装备保障性得到基础保证,意味着雷达装备可保障、更易于保障。

1）可靠性(Reliability)

可靠性指的是雷达装备在规定的条件下、规定的时间内完成规定功能的能力。常用使用寿命(Useful Life)、平均故障间隔时间(Mean Time Between Failure,MTBF)、平均致命性故障间隔时间(Mission Time Between Critical Failure,MTBCF)等指标进行衡量。

2）维修性（Maintainability）

维修性是指雷达装备在规定的条件下、规定的时间内，按规定的程序及规定的方法进行维修时，保持或恢复雷达装备至其规定状态的能力。常用平均修复时间（Mean Time to Repair，MTTR）、平均维修时间（Mean Maintenance Time，MMT）、维修停机时间率（Mean CM Time to Support a Unit Hour of Operating Time，MTUT）等指标进行衡量。

3）测试性（Testability）

测试性指的是雷达装备能够及时准确地确定雷达装备正常、故障、低效等工作状态，并能够对雷达装备各分系统、分机、组件等内部故障进行隔离的能力。具体常以故障检测率（Fault Detection Rate，FDR）、故障隔离率（Fault Isolation Rate，FIR）、故障虚警率（Fault False Alarm Rate，FFAR）加以度量。

4）安全性（Safety）

安全性是指雷达装备在正常的使用过程中，具有的不危及人员、装备安全，不导致装备人员损伤、生命健康损害、装备系统损毁、重大财产损失、自然环境损坏等意外事故的性能。具体包括事故率、安全可靠度、损失率等指标。

5）环境适应性（Environmental Adaptability）

环境适应性指的是在雷达装备寿命周期内的各种使用环境条件下，能够保持正常的工作状态、性能发挥以及实现其预定功能，使雷达装备不因环境的改变而受到影响与破坏的能力。这里主要用温度湿度适应性、抗盐雾腐蚀性、抗风抗震抗噪性三个指标对其进行衡量。

6）电磁兼容性（Electromagnetic Compatibility）

电磁兼容性是指雷达装备不受自身内部与外界电磁干扰，同时不对其他对象形成干扰，在内外交互的、共同的电磁环境中能够保持正常、可靠的工作状态，实现预定功能的性能。这里运用内部电磁环境兼容性、外部电磁环境兼容性两个指标衡量电磁兼容性。

7）生存性（Survivability）

生存性是体系中更强调战时条件下的一个保障性评估指标，在战时环境条件下使用雷达装备时，雷达装备抗击敌方打击损伤破坏，保持正常工作状态和预定功能的能力。这里主要运用隐蔽性、防护性、抢修性对其进行度量。

8）通用性（Common Ability）

通用性指的是雷达装备的分系统、分机、组件等设备、器材能够依据国家相关标准进行设计研制；可以满足多种通用电子装备的使用要求；可以相互替换以实现相同功能、满足相同要求；可以寻求相近相似的设备、器材等来接替原件继续工作的能力。这里主要以标准化、互换性、可替代性三个指标加以度量。

9) 运输性(Transportation Capability)

运输性是指在规定条件下,雷达装备由不同类型的运输工具进行装运,指的是雷达装备自身便于运输的能力。包括其自身运输便捷性、运输方式、运输限制等具体指标。

10) 人素工程特性

人素工程特性描述的是人与雷达装备相互适应、达成配合以有利于装备性能发挥的程度。常用舒适度、人员作业要求、安全危害程度等指标进行衡量。

3. 雷达装备保障性计划的保障资源

雷达装备计划的保障资源,指的是已规划的雷达装备保障所必需的资源配置。在设计时就对保障资源进行规划,并按要求统筹协调,按计划编配放置,雷达装备计划的保障资源是保证装备保障性的物质基础,与设计特性相互协调支持。

1) 保障设施

保障设施是用于雷达装备保障的建筑物、场地区域及其附属设备的统称,如维修场、维修车间、存储仓库等。具体包括设施满足率、设施适用性、设施通用性等指标。

2) 保障设备

保障设备是指用于雷达装备使用与维修保障的设备,如三用表、示波器、网络分析仪等。具体包括设备齐套率、设备适用性、设备通用性等指标。

3) 备品备件

备品备件指的是雷达装备出厂交付时,按计划要求配套配置的备品、备件、保障器材、维修工具等的统称。可用于雷达装备的维护修理及相关部件故障时的替换使用。具体包括储备定额、配套满足率、持续供应能力等指标。

4) 人力人员

人力人员是指在平时与战时使用与维修雷达装备所需人员的编制数量、技术等级、专业水平等,在雷达装备设计时,人力人员指标要一并予以设计配置。主要包括人员数量、体制编制、专业技术水平等指标。

5) 培训训练

培训训练包括针对雷达装备接收和使用人员的接装培训与操作使用训练、维修保障训练等,与雷达装备复杂程度有一定关联,用以尽快缩短战斗力生成周期、弥补雷达装备保障需求与保障人员实际水平之间的差距。这里主要以培训纲要水平、培训训练要求、训练保障能力等指标加以度量。

6) 技术资料

技术资料指的是用于雷达装备使用与维修所需的各种技术文件的统称,包括工程图册、技术规范、使用说明、维修手册等。技术资料为正确使用维修雷达装备提供明确的规范的要求、程序、方法,保证保障资源的合理利用,确保雷达装备正常工作。这里主要用资料齐套率、资料适用性、资料标准性等指标进行衡量。

7）物流调配

物流调配指的是将雷达装备使用与保障物资从储存供应场所流动转移到雷达装备所在场地的过程,主要包括物资储存、规划筹措、运输配送等环节。具体包括供应能力、供应效率、供应管理等指标。

8）经费支持

经费支持主要指的是对雷达装备经费供应保障的组织管理,包括对雷达装备经费的申领发放、配置标准和控制使用等所进行的管理活动。这里主要运用经费的审核发放、标准配额、管理使用等指标进行衡量。

9）信息系统

信息系统指的是综合运用计算机及网络技术获取、存储、传输、处理、管理、应用雷达装备使用与保障信息,用于雷达装备使用与保障的信息系统。这里主要以信息系统的覆盖率适用率、自动化网络化、实时性准确性等指标加以度量。

10）计算机资源

计算机资源是指用于雷达装备使用与保障的软硬件资源、软硬件保障设备器材工具、计算机操作系统环境等。这里主要运用系统环境要求、软件资料、计算机安全性等指标进行衡量。

11）包装、贮存、装卸、运输资源等

包装、贮存、装卸、运输资源指的是对雷达装备进行包装包裹、贮存储放、装载卸载、运载输送等所必需的工具资源、能力技术、方式方法、标准要求等,使用各类保障资源确保雷达装备在包装、贮存、装卸、运输等环节中不受到损伤毁坏。具体包括包装包裹、贮存储放、装载卸载、运载输送等指标。

3.3.3　雷达装备保障性评估指标的层级划分

雷达装备保障性评估指标体系总共划分为评估目标 U、一级指标 A、二级指标 B、三级指标 C 等 4 个层级,由此 4 个层级共同组成雷达装备保障性评估指标体系。评估目标 U 为"雷达装备保障性 U",一级指标 A 包含 3 项评估指标、二级指标 B 包含 27 项评估指标、三级指标 C 包含 74 项评估指标,结合 3.3.1 内容,具体见表 3.1。

表 3.1　雷达装备保障性评估指标体系结构层级划分表

评估目标 U	一级指标 A （3 项）	二级指标 B （27 项）	三级指标 C （74 项）
雷达装备保障性 U	战备完好性及 保障性综合参数 A_1	战备完好率 B_1	战备完好率 C_1
		任务持续能力 B_2	任务持续能力 C_2
		系统可用度 B_3	平均可用度 C_3
		系统可信性 B_4	任务可靠度 C_4
			任务成功度 C_5
		任务出动率 B_5	按计划出动率 C_6
			听召唤出动率 C_7
		寿命周期费用 B_6	论证研制费用 C_8
			采办购置费用 C_9
			使用保障费用 C_{10}
			退役处置费用 C_{11}
	设计特性 A_2	可靠性 B_7	使用寿命 C_{12}
			平均故障间隔时间 C_{13}
			平均致命性故障间隔时间 C_{14}
		维修性 B_8	平均修复时间 C_{15}
			平均维修时间 C_{16}
			维修停机时间 C_{17}
		测试性 B_9	平均修复时间 C_{18}
			平均维修时间 C_{19}
			维修停机时间 C_{20}
		安全性 B_{10}	事故率 C_{21}
			安全可靠度 C_{22}
			损失率 C_{23}
		环境适应性 B_{11}	温度湿度适应性 C_{24}
			抗盐雾腐蚀性 C_{25}
			抗风抗震抗噪性 C_{26}
		电磁兼容性 B_{12}	内部电磁环境兼容性 C_{27}
			外部电磁环境兼容性 C_{28}
		生存性 B_{13}	隐蔽性 C_{29}
			防护性 C_{30}
			抢修性 C_{31}
		通用性 B_{14}	标准化 C_{32}
			互换性 C_{33}
			可替代性 C_{34}

56

（续）

评估目标 U	一级指标 A （3项）	二级指标 B （27项）	三级指标 C （74项）
雷达装备保障性 U	设计特性 A_2	运输性 B_{15}	运输便捷性 C_{35}
			运输方式 C_{36}
			运输限制 C_{37}
		人素工程特性 B_{16}	舒适度 C_{38}
			人员作业要求 C_{39}
			安全危害程度 C_{40}
	计划保障资源 A_3	保障设施 B_{17}	设施满足率 C_{41}
			设施适用性 C_{42}
			设施通用性 C_{43}
		保障设备 B_{18}	设备齐套率 C_{44}
			设备适用性 C_{45}
			设备通用性 C_{46}
		备品备件 B_{19}	储备定额 C_{47}
			配套满足率 C_{48}
			持续供应能力 C_{49}
		人力人员 B_{20}	人员数量 C_{50}
			体制编制 C_{51}
			专业技术水平 C_{52}
		培训训练 B_{21}	培训纲要水平 C_{53}
			培训训练要求 C_{54}
			训练保障能力 C_{55}
		技术资料 B_{22}	资料齐套率 C_{56}
			资料适用性 C_{57}
			资料标准性 C_{58}
		物流调配 B_{23}	供应能力 C_{59}
			供应效率 C_{60}
			供应管理 C_{61}
		经费支持 B_{24}	审核发放 C_{62}
			标准配额 C_{63}
			管理使用 C_{64}
		信息系统 B_{25}	覆盖率适用率 C_{65}
			自动化网络化 C_{66}
			实时性准确性 C_{67}

（续）

评估目标 U	一级指标 A （3 项）	二级指标 B （27 项）	三级指标 C （74 项）
雷达装备保障性 U	计划保障资源 A_3	计算机资源 B_{26}	系统环境要求 C_{68}
			软件资料 C_{69}
			计算机安全性 C_{70}
		包装、贮存、装卸、 运输等保障 B_{27}	包装包裹 C_{71}
			贮存储放 C_{72}
			装载卸载 C_{73}
			运载输送 C_{74}

3.4 雷达装备保障性评估指标约简方法

在图 3.4 建立的雷达装备保障性评估指标体系中,二级指标生存性 B_{13} 的下属指标隐蔽性 C_{29} 和防护性 C_{30} 可纳入安全性 B_{10} 的范畴,抢修性 C_{31} 可纳入维修性 B_8 中;人力人员 B_{20} 和培训训练 B_{21} 可合并为保障人员;物流调配 B_{23} 可归为包装、贮存、运输、装卸等保障 B_{27} 中;经费支持 B_{24} 可包含在寿命周期费用 B_6 中;信息系统 B_{25} 可归入计算机资源 B_{26} 中。因此,可以将图 3.4 中二级指标中的生存性 B_{13} 、培训训练 B_{21} 、物流调配 B_{23} 、经费支持 B_{24} 、信息系统 B_{25} 去除,形成如图 3.5 所示的指标体系。

但在雷达装备保障性评估过程中,根据图 3.5 建立的指标体系,仍会因指标众多,导致评估难度增大。例如采用层次分析法进行评估时,会导致指标进行两两比较时形成的判断矩阵维数较大,判断矩阵的特征根和特征向量的计算复杂。另外由于指标体系庞大,各评估指标对评估对象的影响程度不一,可能存在影响程度非常小的指标。因此建立雷达装备保障性评估指标体系时,指标数量并非多多益善,还需考虑简约性,关键在于选取作用程度大的指标。

3.4.1 粗糙集理论

粗糙集是一种用来分析、推理和挖掘数据之间的关系,发现隐含的知识,探寻数据间的潜在规律的理论[73],其核心内容之一是属性约简功能,可以从众多反映评估对象的指标中,筛选出核心的指标,对评估指标体系进行约简,筛除冗余或相关的指标。

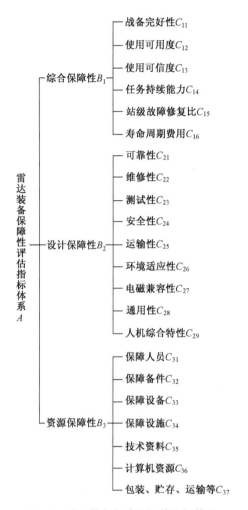

图 3.5 雷达装备保障性评估指标体系

粗糙集理论利用决策表[74]表示知识,而综合评估模型也可表示为基于指标体系信息系统的决策表模型,构建含有评估指标和评估结果的数据表。

定义 1 综合评估信息系统决策表[75]定义为 $S = \{U, R, V, f\}$,其中, U 为非空有限集,其代表 N 位专家对各指标给出的重要性评分数据,为论域; R 是属性的非空有限集合; $V = \bigcup_{r \in R} V_r$ 是属性值的集合; V_r 表示属性 $r \in R$ 的属性值范围,即属性值的值域; $f: U \times R \rightarrow V$ 是一个信息函数,它指定 U 中每一个对象 x 的各种属性值,具体是: $\forall r \in R, x \in U, f(x, r) \in V_r$ 。

定义 2 正域和属性重要度定义[74]。对于决策表 $S = \{U, R, V, f\}, R = C \cup D,$

条件属性 $c_i \in C(i = 1,2,\cdots,n)$，$D$ 的 C 正域定义为 $\mathrm{pos}_C(D)$，c_i 对于决策属性 D 的重要度定义为 $\mathrm{sig}(c_i)$，即

$$\mathrm{pos}_C(D) = \{Y \in U/C \mid Y \subseteq D\} \tag{3.3}$$

$$\mathrm{sig}(c_i) = \gamma_C(D) - \gamma_{C-c_i}(D) = \frac{\mathrm{card}(\mathrm{pos}_C(D)) - \mathrm{card}(\mathrm{pos}_{C-c_i}(D))}{\mathrm{card}(U)}$$

$$\tag{3.4}$$

式中：$\gamma_C(D)$ 为 D 关于 C 的相对依赖度；$\mathrm{card}(\cdot)$ 为集合中元素的个数。

3.4.2 雷达装备保障性评估指标体系约简方法

对雷达装备保障性进行综合评估，其信息系统决策表 $S = \{U,R,V,f\}$，其中 R 为雷达装备保障性及其评估指标构成的集合；V 为各指标的评分值集合 $\{1,2,3,4,5\}$；V_r 为各指标评分值的范围 $[1,5]$；一般情况下，$R = C \cup D$，$C \cap D = \varnothing$，子集 C 和 D 分别为条件属性集和决策属性集，即 C 表示各评估指标的集合，D 代表雷达装备保障性。

任意一个保障性及其评估指标集合的子集 $B \subset R$ 决定了一个等价关系 $\mathrm{ind}(B)$：

$$\mathrm{ind}(B) = \{(x,y) \in U \times U \mid \forall r \in R, f(x,r) = f(y,r)\} \tag{3.5}$$

等价关系 $\mathrm{ind}(B)$ 构成了对 N 位专家给出的评分数据，即论域 U 的一种划分，表示为 $U/\mathrm{ind}(B) = (X_1, X_2, \cdots, X_m)$，其中 X_i 表示不同的等价类。

设 $r \in R$，若 $\mathrm{ind}(R) = \mathrm{ind}(R - \{r\})$，则说明某一指标 r 为雷达装备保障性及其评估指标集合 R 中不必要的，可以被约简；否则称 r 为 R 中必要的[76]。

雷达装备保障性及其评估指标集合 R 中所有必要的评估指标组成的集合为核，记作 $\mathrm{core}(R)$。$\mathrm{core}(R) = \cap \mathrm{red}(R)$，其中 $\mathrm{red}(R)$ 表示 R 的所有约简族。

根据雷达装备保障性评估指标体系信息系统等价关系，基于粗糙集的指标体系约简方法步骤如下：

Step 1：对雷达装备保障性评估指标的集合 $C = \{a_i\}(i = 1,2,\cdots,m)$，其中 a_i 为雷达装备保障性评估指标体系中的某一个指标，根据式(3.5)求 $\mathrm{ind}(C)$。

Step 2：对集合 $C = \{a_i\}(i = 1,2,\cdots,m)$，依次删除其中某一个指标 a_i 后，同理求 $\mathrm{ind}(C - \{a_i\})$。

Step 3：若 $\mathrm{ind}(C - \{a_i\}) = \mathrm{ind}(C)$，则该指标 a_i 为雷达装备保障性评估指标体系 C 中可约简的指标；否则，指标 a_i 为指标体系中不可约简的必要指标。

Step 4：约简后的雷达装备保障性评估指标体系为 $\mathrm{red}(C)$：

$$\mathrm{red}(C) = \{a_k \mid a_k \in C, \mathrm{ind}(C - \{a_k\}) \neq \mathrm{ind}(C)\} \tag{3.6}$$

3.4.3 雷达装备保障性评估指标体系约简实例

在雷达装备保障性评估指标体系中,不同的指标有不同的重要度,应赋予不同的权重。为了判断某一指标的重要度,可以先从指标体系中去掉该指标,根据式(3.4)计算其重要度。重要度越大,则表示该指标的权重越大。

图3.5构建的雷达装备保障性评估指标体系中指标数量多,易导致评估模型维数过高,计算复杂等问题。因此,有必要对指标体系进行简化,剔除不必要的指标,提炼出核心指标。

以雷达装备保障性评估为例,运用粗糙集的属性约简方法对其指标体系进行简化,提炼出核心指标,并采用粗糙集属性重要度原理确定指标权重,对比简化前后的指标权重,两者相等则说明属性约简并不影响最终的评估结果,采用约简后的指标体系进行评估更加便捷。

本节旨在分析3个一级指标的约简和各一级指标下属的二级指标的约简。通过请专家对各指标的重要程度进行评判,获得大量数据,分别用数字1、2、3、4、5表示该指标不重要、不太重要、重要、比较重要、特别重要。由10位专家根据图3.5中评估指标体系对其指标进行评分,得到雷达装备保障性评估指标决策表如表3.2所示;对一级指标进行评分,得到如表3.3所示的评分结果。

表3.2　雷达装备保障性评估指标决策表

U	B_1						B_2									B_3						
	C_{11}	C_{12}	C_{13}	C_{14}	C_{15}	C_{16}	C_{21}	C_{22}	C_{23}	C_{24}	C_{25}	C_{26}	C_{27}	C_{28}	C_{29}	C_{31}	C_{32}	C_{33}	C_{34}	C_{35}	C_{36}	C_{37}
a	5	5	2	4	2	4	4	5	4	5	3	2	4	5	2	5	5	4	3	4	3	2
b	5	5	3	3	3	3	5	4	5	4	2	2	5	4	1	4	5	4	2	5	2	1
c	4	4	2	4	3	4	4	4	3	5	2	1	3	5	2	4	5	4	3	4	3	2
d	5	5	2	4	2	5	5	5	4	3	1	3	4	5	3	3	5	5	2	4	2	2
e	5	4	2	3	2	3	5	5	4	5	3	2	4	5	2	5	4	3	1	3	1	3
f	4	4	2	5	3	4	3	3	4	5	2	2	5	5	2	4	5	5	2	5	2	1
g	5	5	1	3	2	4	5	5	4	4	1	3	4	5	2	5	5	5	2	5	1	2
h	5	5	2	3	2	3	4	4	4	5	2	1	3	5	2	5	3	4	1	3	2	2
i	5	4	2	3	2	4	5	5	4	5	3	2	4	5	2	4	5	4	2	4	2	2
j	4	5	2	4	2	4	3	3	5	4	2	2	4	3	2	5	4	3	1	4	1	3

表3.3　一级指标评分结果

U	条件属性 C			D
	B_1	B_2	B_3	
a	3	4	4	4

（续）

U	条件属性 C			D
	B_1	B_2	B_3	
b	4	3	5	4
c	3	5	3	3
d	4	4	4	2
e	5	3	4	3
f	4	4	3	5
g	2	3	4	5
h	3	4	3	2
i	5	4	5	4
j	4	5	3	3

1. 雷达装备保障性评估指标体系的一级指标约简

10 位专家给出的数据构成论域 $U = \{a,b,c,d,e,f,g,h,i,j\}$,条件属性集合即一级指标组成的集合 $C = \{B_1,B_2,B_3\}$ 。

根据表 3.3 和式(3.5)计算出一级指标集合的 ind(C) :

$$\text{ind}(C) = \{a,b,c,d,e,f,g,h,i,j\} 。$$

对一级指标组成的集合 C 依次删除其中的综合保障性 B_1 、设计保障性 B_2 、资源保障性 B_3 后,由式(3.5)求 ind($C - \{B_i\}$) 得到如下结果:

$$\text{ind}(C - B_1) = \{(a,d),b,(c,j),(e,g),(f,h),i\}$$

$$\text{ind}(C - B_2) = \{a,b,(c,h),d,e,(f,j),g,i\}$$

$$\text{ind}(C - B_3) = \{(a,h),b,c,(d,f),e,g,i,j\}$$

再将 ind(C) 与 ind($C - \{B_i\}$) 进行比较,可以得出:

$$\text{ind}(C - B_1) \neq \text{ind}(C)$$

$$\text{ind}(C - B_2) \neq \text{ind}(C)$$

$$\text{ind}(C - B_3) \neq \text{ind}(C)$$

故雷达装备保障性评估指标体系中的 3 个一级指标综合保障性 B_1 、设计保障性 B_2 、资源保障性 B_3 均是不可约简的必要指标。所以由式(3.6)得到结论: $red(C) = \{B_1,B_2,B_3\}$ 。

2. 雷达装备保障性评估指标体系的二级指标约简

由于篇幅有限,只对一级指标综合保障性 B_1 下属的 6 个二级指标进行详细的属性约简。由表 3.2 可以提取出 B_1 的二级指标评分结果如表 3.4 所示。

表 3.4　B_1 的二级指标评分结果

U	C_{11}	C_{12}	C_{13}	C_{14}	C_{15}	C_{16}
a	5	5	2	4	2	4
b	5	5	3	3	3	3
c	4	4	2	4	3	4
d	5	5	2	4	2	5
e	5	4	2	3	2	3
f	4	4	2	5	3	4
g	5	5	1	3	2	4
h	5	5	2	3	2	3
i	5	4	3	4	1	4
j	4	5	2	4	2	4

根据表 3.4 和式(3.5)可以求出一级指标综合保障性 B_1 的 $\mathrm{ind}(B_1)$：$\mathrm{ind}(B_1) = \{a,b,c,d,e,f,g,h,i,j\}$。

对一级指标综合保障性 B_1 分别删除其下属的二级指标战备完好性 C_{11}、使用可用度 C_{12}、使用可信度 C_{13}、任务持续能力 C_{14}、站级故障修复比 C_{15}、寿命周期费用 C_{16} 后，根据式(3.5)求 $\mathrm{ind}(B_1 - C_{1i})$（$i = 1,2,\cdots,6$）可以得到：

$$\mathrm{ind}(B_1 - C_{11}) = \{(a,j),b,c,d,e,f,g,h,i\}$$
$$\mathrm{ind}(B_1 - C_{12}) = \{a,b,c,d,(e,h),f,g,i,j\}$$
$$\mathrm{ind}(B_1 - C_{13}) = \{a,b,c,d,e,f,g,h,i,j\}$$
$$\mathrm{ind}(B_1 - C_{14}) = \{a,b,(c,f),d,e,g,h,i,j\}$$
$$\mathrm{ind}(B_1 - C_{15}) = \{a,b,c,d,e,f,g,h,i,j\}$$
$$\mathrm{ind}(B_1 - C_{16}) = \{(a,d),b,c,e,f,g,h,i,j\}$$

将 $\mathrm{ind}(B_1)$ 与 $\mathrm{ind}(B_1 - C_{1i})$ 进行比较可以得出：

$$\mathrm{ind}(B_1 - C_{11}) \neq \mathrm{ind}(B_1)$$
$$\mathrm{ind}(B_1 - C_{12}) \neq \mathrm{ind}(B_1)$$
$$\mathrm{ind}(B_1 - C_{13}) = \mathrm{ind}(B_1)$$
$$\mathrm{ind}(B_1 - C_{14}) \neq \mathrm{ind}(B_1)$$
$$\mathrm{ind}(B_1 - C_{15}) = \mathrm{ind}(B_1)$$
$$\mathrm{ind}(B_1 - C_{16}) \neq \mathrm{ind}(B_1)$$

故一级指标综合保障性 B_1 下属的二级指标中，C_{13}、C_{15} 是不重要的指标，可以从指标体系中删除。C_{11}、C_{12}、C_{14}、C_{16}是重要指标,不能从指标体系中约简,由式(3.6)得到结论:$\mathrm{red}(B_1) = \{C_{11}, C_{12}, C_{14}, C_{16}\}$。

根据上述约简方法,同理可得在一级指标设计保障性B_2下属的二级指标中,可靠性C_{21}、维修性C_{22}、测试性C_{23}、安全性C_{24}、电磁兼容性C_{27}是重要的指标,不能剔除;一级指标资源保障性B_3中,保障人员C_{31}、保障备件C_{32}、保障设备C_{33}、技术资料C_{35}是重要的指标,不能进行剔除。

3.4.4 约简后的雷达装备保障性评估指标体系

由上述约简方法步骤可得到简化后的雷达装备保障性评估指标体系[77],如图3.6所示。

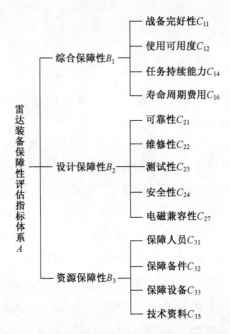

图3.6 约简后的雷达装备保障性评估指标体系

3.5 本章小结

本章所做的主要工作是构建雷达装备保障性评估指标体系。根据整理形成的构建思路,遵循构建的原则要求,依据构建流程,运用文献整理分析、专家咨询访问、问卷调查统计等多种方法,对雷达装备保障性评估指标进行选取确定和预处理,在此基础上,建立起科学完备的雷达装备保障性评估指标体系,涵盖4个层级,囊括3项一级评估指标、27项二级评估指标、74项三级评估指标,明确指标间相互关系,科学划分各级结构层次,并针对评估指标体系中主要指标的概念内涵予以释义。同时,引入粗糙集理论的属性约简原理,邀请专家对各指标的相对重要程度进行评判,根据专家打分的数据筛选出对评估对象影响较小的指标,从而达到简化评估指标体系,降低计算复杂度的目的。经过约简,确定由3项一级指标和13项二级指标构成的评估指标体系,其中部分二级指标可继续分至三级指标。为了检验约简前后两个评估指标体系的正确性,可在后续的评估过程中,采用不同的赋权方法和评估模型,分别依据这两个评估指标体系进行雷达装备保障性评估,验证评估结果的一致性。

第4章
雷达装备保障性评估指标赋权方法

目前,在装备特性的评估方面,评估指标赋权方法尚存在偏主观、片面性等问题,对其研究处于优化完善阶段。文献[78-80]着眼加油站、个人信息的安全性以及导致交通违章行为的因素等具体对象,建立评估指标体系,采用层次分析法将主观问题层次化,但主观赋权法存在过于依赖专家主观决断,且随意性较大;文献[81-82]针对滑坡危险性以及飞行器可控事故影响因素等进行客观定量评价,结合相应评估指标体系,给出了 CRITIC 法和熵权法的赋权方法及评估步骤,但客观赋权法缺乏评估者主观意愿的参与,在具体应用过程及结果中,可能会出现某些指标权重结果与实际情况不符的情况。

雷达装备保障性评估,必须构建相应的指标体系作为评估尺度。评估指标体系按层次分布,总目标反映了雷达装备保障性的好坏,子指标反映了雷达装备保障性具体特征属性,各指标对总目标贡献不同,相对重要性也有所差异。指标权重是对指标相对重要性的量化,雷达装备保障性评估指标权重的确定将直接影响雷达装备保障性评估结论的合理性、准确性。本章研究了雷达装备保障性评估指标赋权问题,通过建立评估指标体系,运用于评估指标综合赋权方法,既借鉴了主客观赋权法各自的优点,又弥补了主客观赋权法各自存在的缺陷,使主客观赋权法在综合过程中形成互补。最后进行算例分析,验证了综合赋权方法的可行性[83]。

④.1 赋 权 原 则

评估指标体系是由多个指标组成的互相作用、互相联系的系统。指标体系中某一指标反映评估对象某一方面的信息,综合评估就是要把所有的指标综合考虑,反映出评估对象的整体水平。但是各指标对评估对象的影响程度不同,起的作用大小不一,可见各指标对评估对象的重要性并不相同,这就需要掌握评估时各指标的相对重要程度,即指标的权重。权重对评估结果的影响较大,相同的指标体系和指标数据,会因不同的权重导致评估结果相差巨大甚至相悖。

为了能够科学地确立指标权重,提高评估结果的可信度和准确性,宜遵循下列赋权原则:

(1) 客观性。权重要真实客观地反映指标对评估结果的贡献大小。权重的大小应该得到所有专家和评估者的认可,且必须是一个相对稳定的数值。赋权的过程是随着评估者或专家对评估对象认识的加深,不断调整修正的往复过程。

(2) 区间性。各指标权重应该在一个合理的区间内,这个范围不能太大也不能太小。

(3) 层次性。由于评估对象往往是一个复杂的系统,其评估指标体系通常是分层的,确定指标权重时应先按其层次性,逐层赋权。

(4) 比较性。因同层指标的相对重要程度有区别,所以各指标的权重要有可比性,能够比较便捷地反映出各指标的贡献大小。

(5) 相关性。赋权时要考虑各指标与上层指标或评估对象的相关程度,某指标越相关,其权重值就越大。

4.2　赋权方法

4.2.1　主观赋权法

主观赋权法,指的是由评估者针对评估对象,基于评估专家自身主观的专业知识、工作经验、能力水平等因素,按照一定的理论原则,依据评估对象各指标的重要程度,按步骤对评估对象进行相互比较、评定赋值以及运算处理等,最终得到各评估指标权重的方法,其原始数据主要来自于评估专家的经验判断,也称"指标偏好型"主观分析法。

层次分析法于 20 世纪 70 年代由美国运筹学专家 T. L. Saaty 提出,它是典型的主观赋权法,是定性与定量相结合的决策方法,它可以将复杂的评估对象按结构层次分解细化,使复杂问题简单化。

具体步骤如下:

(1) 分析明确问题,建立层次结构。

明确评估目标需求,遵循一定的评估原则,针对评估对象,围绕评估问题进行剖析,依据指标总体与部分、各部分、各元素之间的关联关系,建立科学合理的层次结构,构建完善的评估指标体系,便于赋权方法的实施。主观赋权法层次结构的建立可与评估指标体系的构建相结合,根据要素间相互关联隶属关系,将要素分门别类,将问题结构层次化,具体的层次分析结构图可参考图3.1。

(2) 两两互相比较,构造判断矩阵。

基于建立的层次结构,在上层指标对下层指标有支配关系、下层指标包含隶属于上层指标的条件下,依据下层指标对上层指标重要性的大小,对同一层中包含的各个指标进行两两比较,一般地,采用 Saaty 标度即 1~9 标度法作为比较打分标准,具体如表4.1所示。

表 4.1　Saaty 标度表

重要性等级	标度赋值
前一因素与后一因素同等重要	1
前一因素比后一因素稍微重要	3
前一因素比后一因素明显重要	5
前一因素比后一因素强烈重要	7
前一因素比后一因素极端重要	9
前一因素比后一因素稍微不重要	1/3
前一因素比后一因素明显不重要	1/5
前一因素比后一因素强烈不重要	1/7
前一因素比后一因素极端不重要	1/9
前一因素比后一因素介于相邻标度值间重要	2,4,6,8
前一因素比后一因素介于相邻标度值间不重要	1/2,1/4,1/6,1/8

可得比较判断矩阵如表4.2所示。

表 4.2　两两比较判断矩阵

M	N_1	N_2	$\cdots$	N_n
N_1	1	a_{12}	$\cdots$	a_{1n}
N_2	a_{21}	1	$\cdots$	a_{2n}
$\cdots$	$\cdots$	$\cdots$	$\cdots$	$\cdots$
N_n	a_{n1}	a_{n2}	$\cdots$	1

该判断矩阵表示的是元素 M 中包含的下一层级元素 N 之间的相互比较联系,比较判断矩阵 L 即可由此确定:

$$L = (a_{ij})_{n \times n} = \begin{bmatrix} a_{11} & a_{12} & \cdots & a_{1n} \\ a_{21} & a_{22} & \cdots & a_{2n} \\ \vdots & \vdots & \ddots & \vdots \\ a_{n1} & a_{n2} & \cdots & a_{nn} \end{bmatrix} (i,j = 1,2,\cdots,n) \quad (4.1)$$

（3）层次单排序。

层次单排序,指的是对比较判断矩阵进行计算,从而得出同层结构中的各个指标权重及重要性排序,一般地,层次单排序需要计算比较判断矩阵最大特征根及其特征向量,以简单常用的方根法为例。

Step 1　求取比较判断矩阵每行元素的乘积:

$$M_i = \prod_{j=1}^{n} a_{ij} \tag{4.2}$$

Step 2　求取 M_i 的 n 次方根:

$$\overline{\omega_i} = \sqrt[n]{M_i} \tag{4.3}$$

Step 3　对向量 $\overline{\boldsymbol{\omega}} = [\overline{\omega_1}, \overline{\omega_2}, \cdots, \overline{\omega_n}]^T$ 进行归一化处理:

$$\omega_i = \frac{\overline{\omega_i}}{\sum_{i=1}^{n} \overline{\omega_i}} \tag{4.4}$$

比较判断矩阵的特征向量为

$$\boldsymbol{\omega} = [\omega_1, \omega_2, \cdots, \omega_n]^T \tag{4.5}$$

$\boldsymbol{\omega}$ 中包含的各元素即为各指标相应权重。

Step 4　求取特征向量的最大特征根:

$$\lambda_{\max} = \frac{1}{n} \sum_{i=1}^{n} \frac{(A\omega)_i}{\omega_i} \tag{4.6}$$

（4）一致性检验。

接下来,要进行一致性检验,一致性检验的目的是保持判断思维的一致性,确保评估专家在判定各评估指标重要性过程中,保持判断决定之间相互协调、标准一致,避免产生相互矛盾冲突、难以科学解释的结果。

Step 1　求取一致性指标(Consistency Index, C.I.):

$$\text{C.I.} = \frac{\lambda_{\max} - n}{n - 1} \tag{4.7}$$

Step 2　引入平均随机一致性指标:

Satty 提出的平均随机一致性指标(Random Consistency Index, R.I.)的值,与" $n = 1, 2, \cdots, 9$ "一一对应,具体如表4.3所示。

表4.3　平均随机一致性指标 R.I. 表

阶数 n	1	2	3	4	5	6	7	8	9
R.I.	0	0	0.58	0.90	1.12	1.24	1.32	1.41	1.45

Step 3　求取随机一致性比率(Consistency Ratio, C.R.):

$$C.R. = \frac{C.I.}{R.I.} \tag{4.8}$$

一般地,当 C.R. < 0.10 时,我们认为一致性检验通过,即一致性可以接受,若不满足 C.R. < 0.10,说明一致性检验未通过,需返回重新对比较判断矩阵的赋值进行调整,直至一致性检验通过为止。

(5) 层次总排序及一致性检验。

层次总排序是运用层次单排序的结果,整理得出更低一层级结构指标针对其隶属的更高一层级结构指标的相对权重,并进行排序。

设更高一层级 A 层包含 $A_p = [A_1, A_2, \cdots, A_m]$ 各元素,各指标相对于评估目标的权重为 $b_1, b_2, \cdots, b_n$,其下辖的更低一层级 B 层包含 $B_{qp} = [B_{1p}, B_{2p}, \cdots, B_{np}]$ 各元素,各指标相对于 A 层的层次单排序结果为 $b_{1p}, b_{2p}, \cdots, b_{mp}$,则可求出 B 层相对于评估目标的权重,即可得层次总排序:

$$b_i = \sum_{p=1}^{m} b_{qp} a_p (q = 1, 2, \cdots, n) \tag{4.9}$$

之后,对层次总排序做一致性检验:

$$C.R. = \frac{\sum\limits_{p=1}^{m} (C.I.)_p a_p}{\sum\limits_{p=1}^{m} (R.I.)_p a_p} \tag{4.10}$$

同样地,当 C.R. < 0.10 时,我们认为一致性检验通过,即一致性可以接受。总结归纳层次分析法的具体操作流程如图 4.1 所示。

通过以上计算,更低一层级指标相对于更高一层级指标,乃至底层指标相对于评估目标的权重即可得出。

4.2.2 客观赋权法

客观赋权法指的是依据评估对象的客观实际数据,根据各评估指标间的相关关系及指标数据间的差异区别,使用数学理论及相关统计方法计算评估指标权重的方法,客观赋权法的赋权结果与评估指标蕴含的信息量有着密切关联,其原始数据主要来源于对评估对象的调查分析。

客观赋权法依赖客观数据,单纯运用数学理论与方法进行指标赋权,具备较强的客观性,但没有考虑评估者的参与性,完全忽略了评估专家的主观判断信息,缺乏一定的主观知识经验的参考指导。另外,由于客观赋权法对评估指标本身存在的重要程度也有所忽略,最终会出现计算得出的指标权重结果可能与实际情况不符的情况。

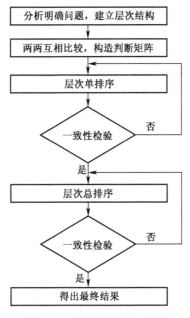

图 4.1　层次分析法流程图

　　熵权法是典型的客观赋权法,是依据评估指标数据来对指标赋权的方法。在信息论中,熵用来度量事物出现的不确定性、无序性。熵值越小,不确定性、无序性越小,评估指标对系统整体的影响越大;熵值越大,不确定性、无序性越大,评估指标对系统整体的影响越小。

　　具体步骤如下:

　　(1)整理指标数据,构造判断矩阵。

　　依据定性与定量相结合的方法,将采集的数据进行处理(如式(4.1)),构造比较判断矩阵 **L** 。

　　(2)计算求取熵值。

　　E_j 为第 j 个评估指标熵值,依据判断矩阵 **L** 计算各指标熵值:

$$E_j = -k \sum_{i=1}^{m} a_{ij}\ln(a_{ij})\,(j = 1, 2, \cdots, n) \tag{4.11}$$

式中: $k = \dfrac{1}{\ln(m)}$,且如果 $a_{ij} = 0$,则 $a_{ij}\ln(a_{ij}) = 0$ 。

　　(3)计算求取权重。

　　依据熵值 E ,可计算得出指标权重:

$$\omega_j = \frac{1 - E_j}{\displaystyle\sum_{j=1}^{n}(1 - E_j)} \tag{4.12}$$

通过以上计算,评估指标权重即可得出。

4.3　改进 AHM–CRITIC 雷达装备保障性评估指标赋权方法

属性层次模型(Attribute Hierarchy Model, AHM)继承了层次分析法的优点,同时比层次分析法在计算和运用上更加简单方便,AHM 无需计算特征向量、无需进行一致性检验,可避免大量计算,是一种简便易行的主观赋权法。标准间冲突性相关性法(Criteria Importance Through Intercriteria Correlation, CRITIC)是一种客观赋权法,以指标内的对比强度和指标间的冲突性来综合确定指标的客观权重。改进 CRITIC 赋权法为增强指标间可比性,以熵权法的差异系数代替传统 CRITIC 法的对比强度;并考虑指标间正负相关情况,将冲突系数中的相关系数取绝对值,最后综合差异系数和冲突系数的乘积来计算确定指标的客观权重。

将主客观赋权法相结合,能充分利用二者的互补性,但如果将主观与客观赋权法所得权重在综合时简单地采用“五五分成”的比例,就无法体现主观知识经验与客观实际数据在权重中的差异性。因此,引入博弈论的 Nash 均衡,寻求最优线性系数,形成了基于改进 AHM–CRITIC 的综合赋权方法,应用于确定雷达装备保障性指标权重,既反映了评估者对各指标的主观信息,又充分考虑符合实际,兼顾客观数学理论方法,为雷达装备保障性评估指标权重的确定提供更为准确科学的决策依据。

采用综合赋权方法,将主观赋权法和客观赋权法相结合,可弥补单一赋权法存在的缺陷,其模型可归结为多权重的优化组合问题,就是在主客观权重之间构建一致性或寻求妥协,将两种赋权法所得权重与实际可能权重之间的偏差进行极小化计算,得到最优权向量,即最优线性组合系数。根据博弈论的 Nash 均衡,基于改进 AHM–CRITIC 综合赋权方法建立了数学模型,得到综合赋权结果更科学准确,弥补了单一赋权法的缺陷。

4.3.1　数据的标准化处理

根据采集的评估指标原始数据,整理得到矩阵 $Y = (y_{ij})_{m \times n}$,其中 i 表示第 i 类属性或等级, j 表示第 j 个评估指标,矩阵共有 m 个等级, n 个评估指标,则 $i = 1, 2, \cdots, m; j = 1, 2, \cdots, n$ 。

由于各评估指标数据价值取向不同,因此要对矩阵进行标准化处理。可将评估指标分为正向评估指标与逆向评估指标两类,正向评估指标即效益型指标,

对于效益型指标,数值越大越好。此类指标按如下函数进行处理:

$$y'_{ij} = \frac{y_{ij} - \min(y_j)}{\max(y_j) - \min(y_j)} \qquad (4.13)$$

逆向评估指标即成本型指标,对于成本型指标,则数值越小越好。此类指标按如下函数进行处理:

$$y'_{ij} = \frac{\max(y_j) - y_{ij}}{\max(y_j) - \min(y_j)} \qquad (4.14)$$

运用功效系数法对矩阵进行无量纲化处理,功效系数法要先明确评估指标数据的最优值和最劣值,将最优值定为 $\max(y'_j)$,最劣值定为 $\min(y'_j)$,进行标准化计算,具体如下:

$$y''_{ij} = c + \frac{y'_{ij} - \min(y'_j)}{\max(y'_j) - \min(y'_j)} \times d \qquad (4.15)$$

其中, c 、d 为常数, d 表示对经处理变换后的数据进行缩放的倍数, c 表示对经处理变换后的数据进行平移的度量,通常取 $c = 0.4, d = 0.6$,并选取评估指标数据中的最优和最劣数据定为 $\max(y'_j)$ 和 $\min(y'_j)$,经整理可得目标属性矩阵 $Y'' = (y''_{ij})_{m \times n}$ 。

4.3.2　AHM 法确定评估指标权重

属性层次模型,是建立在层次分析法基础上的一种无结构决策方法,由程乾生教授提出,其计算更为简易便捷,因为雷达装备保障性评估指标中定性指标占多数,因此,属性层次模型有较好的适用性。

AHM 总体上沿用了 AHP 的运算流程,但与 AHP 相比有改进之处:AHP 必须针对构建的比较判断矩阵进行严格的一致性检验,包括层次单排序和层次总排序后的两次一致性检验,如果检验结果 C. R. >0.1,就必须对比较判断矩阵做出调整修正,重新进行计算排序,直至其最终满足一致性检验要求为止,如此要反复经过修正和计算检验的程序,才能最终达到要求,计算量大,过程烦琐;而 AHM 中计算指标权重时,对各级权重进行相应的合成乘积运算即可得出所需权重结果,省去了对矩阵反复的一致性检验计算以及对比较判断矩阵的修正,大大减少了运算量,避免了复杂的运算流程,实际应用中可操作性更强,更为简易便捷。

在 AHM 中,设有 n 个元素 $u_1, u_2, \cdots, u_n$,依据准则 C,将 u_i 与 u_j 进行相互比较,其中 $i \neq j$, u_i 与 u_j 针对准则 C 的相对重要性分别为 u_{ij} 与 u_{ji} 。

根据属性测度的要求, u_{ij} 与 u_{ji} 应满足以下条件:

$$\begin{cases} u_{ij} \geqslant 0 \\ u_{ji} \geqslant 0 \\ u_{ij} + u_{ji} = 1 \ (i \neq j) \end{cases} \tag{4.16}$$

u_i 与自身相比较无意义,因此有如下规定:

$$u_{ii} = 0 \ (1 \leqslant i \leqslant n) \tag{4.17}$$

满足式(4.16)、式(4.17)两个条件,AHM 有如下三个定义:

定义(1): u_{ij} 即为相对属性测度,由 u_{ij} 组成矩阵 $\boldsymbol{Y} = (u_{ij})_{n \times n}$ 即为属性判断矩阵。

定义(2):若 $u_{ij} \geqslant u_{ji}$,意味着准则 C 下,u_{ij} 的相对重要性强于 u_{ji},即认为 $u_i \geqslant u_j$。

定义(3):属性判断矩阵 $\boldsymbol{Y} = (u_{ij})_{n \times n}$ 具有一致性,对任意的 i、j、k,若 $u_i \geqslant u_j, u_j \geqslant u_k$,则有 $u_i \geqslant u_k$。

AHM 法确定评估指标权重的详细计算处理步骤如下:

根据已构建的雷达装备保障性评估指标体系,设:

U 为雷达装备保障性的综合评估的总目标;

A 为一级评估指标组成的集合,记作 $A = \{A_1, A_2, \cdots, A_n\}$;

B 为二级评估指标组成的集合,记作 $B = \{B_1, B_2, \cdots, B_n\}$;

C 为三级评估指标组成的集合,记作 $C = \{C_1, C_2, \cdots, C_n\}$。

AHM 法建立属性判断矩阵,首先要确定各评估指标相互之间的重要性标度。对于 n 个因素,以 Saaty 标度为基准,基于 AHP 法,运用专家打分法,可以得到 n 阶两两比较判断矩阵 $\boldsymbol{B}^* = (b_{ij})_{n \times n}$,其中 b_{ij} 表示因素 i 与因素 j 相对于目标重要值,比较判断矩阵 $\boldsymbol{B}^*$ 具有如下性质:

$$\begin{cases} b_{ij} > 0 \\ b_{ii} = 1 \\ b_{ji} = 1/b_{ij} \\ i \neq j \ (1 \leqslant i \leqslant n, 1 \leqslant j \leqslant n) \end{cases} \tag{4.18}$$

根据 AHM 法,将相对属性测度 a_{ij} 组合形成 n 阶矩阵 $\boldsymbol{A}^* = (a_{ij})_{n \times n}$,矩阵 $\boldsymbol{A}^*$ 即称为 AHM 属性判断矩阵。其中,相对属性测度 a_{ij} 根据标度 b_{ij} 确定,具体转换公式如下:

$$a_{ij} = \begin{cases} \dfrac{2k}{2k+1} & (b_{ij} = k, i \neq j) \\ \dfrac{1}{2k+1} & (b_{ij} = \dfrac{1}{k}, i \neq j) \\ 0.5 & (b_{ij} = 1, i \neq j) \\ 0 & (b_{ij} = 1, i = j) \end{cases} \tag{4.19}$$

式中:k 为大于等于 2 的正整数,由此即可确定 AHM 属性判断矩阵 $\boldsymbol{A}^{*}$ 。

根据 AHM 法,求得三级指标相对于二级指标、二级指标相对于一级指标、一级指标相对于评估目标的相对属性权重:

$$W'_{CB/BA/AU} = \frac{2}{n(n-1)} \sum_{j=1}^{n} a_{ij} \quad (i = 1, 2, \cdots, n) \qquad (4.20)$$

式中:n 为同一母指标下所属同级子指标个数;W'_{XY} 为 X 级指标相对于 Y 级指标的相对属性权重,例如 W'_{CB} 表示 C 级指标相对于 B 级指标的相对属性权重;$W'_{XY_p-X_q}$ 为 X 级指标中 X_q 相对于 Y 级指标中 Y_p 的相对属性权重,例如 $W'_{CB_1-C_1}$ 表示 C 级指标中 C_1 指标相对于 B 级指标中 B_1 指标的相对属性权重,得到各指标相对属性权重后,定义 W_{AHM} 为 W'_{CU},最底层三级指标 C 相对于评估目标 U 的合成权重 W_{AHM} 为

$$W_{AHM} = W'_{CU} = W'_{CB} W'_{BA} W'_{AU} \qquad (4.21)$$

式中:W'_{CB} 为三级指标 C 相对于二级指标 B 的相对属性权重,W'_{BA} 为二级指标 B 相对于一级指标 A 的相对属性权重,W'_{AU} 为一级指标 A 相对于评估目标 U 的相对属性权重。

此外,还可求得三级指标 C 相对于一级指标 A 的相对属性权重 W'_{CA},二级指标 B 相对于评估目标 U 的相对属性权重 W'_{BU}:

$$W'_{CA} = W'_{CB} W'_{BA} \qquad (4.22)$$

$$W'_{BU} = W'_{BA} W'_{AU} \qquad (4.23)$$

4.3.3　改进 CRITIC 法确定评估指标权重

标准间冲突性相关性法(Criteria Importance Through Intercriteria Correlation, CRITIC)是一种客观赋权法,由 Diakoulaki 提出,CRITIC 法充分把握数据相互间的差异性和冲突性,在处理计算中加以综合运用,以此确定评估指标权重。

评估指标的差异性,描述各个评估指标之间差距的大小,评估指标间的差异性越大,说明指标独立性越强,辨别性越强,即指标所包含的信息量越大,体现在权重上,即权重相对越大,传统的 CRITIC 法利用标准差来表示,计算量大,较为烦琐,论文依据熵权法计算流程,引入熵值对处理过程进行优化,得到差异系数,计算更为简易便捷,结果可靠。评估指标的冲突性,通常用相关系数、冲突系数来衡量,通过计算指标间的相关系数,可得到指标间的冲突系数。传统的 CRITIC 法会将负相关系数的情况忽略掉,这可能就会导致相关系数较小但得到的冲突系数反而越大的结果,严重影响了评估指标权重的准确性,针对这个问题,本节对传统 CRITIC 法进行优化改进,在相关系数的计算上,对相关系数先取绝对值,再参与运算得出冲突系数,可以避免这种不良情况对赋权结果的

影响。

综合运用熵权法与 CRITIC 法，形成改进 CRITIC 法具体计算步骤如下：

第 i 个属性或等级中的第 j 个评估指标值在该指标值总和中的比重为

$$p_{ij} = \frac{y_{ij}''}{\sum_{i=1}^{m} y_{ij}''} \quad (4.24)$$

由 p_{ij} 组成矩阵 $P = (p_{ij})_{m \times n}$。

计算第 j 个评估指标熵值，依据判断矩阵 A^* 计算评估指标熵值 E_j：

$$E_j = -\frac{1}{\ln(m)} \sum_{i=1}^{m} p_{ij} \ln(p_{ij}) \quad (j = 1, 2, \cdots, n) \quad (4.25)$$

计算第 j 个评估指标差异系数 g_j：

$$g_j = 1 - E_j \quad (4.26)$$

计算第 i 个评估指标与第 i 个评估指标间的相关系数 γ_{ij}，再运用 γ_{ij} 得出第 j 个评估指标与其余指标间的冲突系数为

$$V_j = \sum_{i=1}^{m} (1 - |\gamma_{ij}|) \quad (4.27)$$

计算第 j 个评估指标所含信息量为

$$T_j = g_j V_j \quad (4.28)$$

则可求得底层各评估指标相对于评估目标 U 的权重，定义为

$$W_{\text{I-CRITIC}} = \frac{T_j}{\sum_{j=1}^{n} T_j} \quad (4.29)$$

4.3.4　博弈论的 Nash 均衡思想

博弈论也称为对策论，是研究系统性竞争性事物的一种方法，是属于运筹学领域的一门重要学科理论。博弈论主要应用于此类问题：分析多个博弈方通过相互协调、相互影响，使各博弈方能够均衡配合地对决策结论起到一定作用，从而产生得到相对理性的决策结果。博弈论的关键就是通过研究寻求各博弈方以达成最优决策。在博弈论中，假设各个方案都是博弈方经过一定科学决策而得到的结果，博弈方进行科学决策的目的是实现自身的最优化，具体而言，即自身效益的最大化或自身亏损的最小化，这类决策结果的产生，通常不是单纯由某一个或少数几个博弈方决定的，而是由事物体系内所有参与的博弈方共同作用来实现的。在这个系统性竞争性事物决策的过程中，当各个博弈方通过博弈进行寻优行为时，就势必会出现相互妥协和均衡，这个均衡，就是指博弈方相互间共

同博弈所产生的一个结果,是所有博弈方相互作用最终形成的最优决策组合。

博弈论的均衡概念中,最为重要和基本的就是 Nash 均衡(Nash Equilibrium)。博弈论的 Nash 均衡具体而言可以描述为:在其他博弈方已经做好决策的条件下,每个博弈方按照自身情况确定自身最优决策,需要强调的是,博弈方之间是相互联系的,每个博弈方的决策确定必须与其他博弈方的决策确定相关,最终,所有博弈方协调作用,共同达成的最优决策组合结论,即为博弈论的 Nash 均衡。

采用博弈论的 Nash 均衡进行综合赋权运算,主要考虑其两个突出的特性:其一,博弈论的 Nash 均衡,是博弈论中最为重要的均衡概念,是所有其他均衡概念的基础;其二,博弈论的 Nash 均衡强调博弈方之间是相互联系的,每个博弈方的决策确定必须与其他博弈方的决策确定相关,只有各个博弈方的共同参与,方可达到最终的均衡决策结果。

引入博弈论的 Nash 均衡,应用到指标权重的综合运算中,就是寻找决策方案,将不同赋权方法得到的各类权重结果进行妥协均衡处理和科学优化组合,这个处理和组合过程不是单纯的叠加,而是相互组合、相互妥协的过程,要求将指标综合权重与各类评估方法所得指标权重之间的差距达到最小,从而实现各类权重共同效益的最优化,进而得出最适宜、最满意、最可接受的综合权重结论,经过博弈论的 Nash 均衡处理得到的综合权重,具备更为突出的均衡一致性与协调性。

本节中将主观赋权法所得权重与客观赋权法所得权重进行综合,博弈论的 Nash 均衡适用此类场合。

4.3.5　评估指标综合权重的确定

引用博弈论中的 Nash 均衡思想,将 AHM 评估指标权重与 CRITIC 评估指标权重进行最优化决策组合,使每个评估指标权重确定是其他评估指标权重确定的最优反应,从而缩小主客观综合权重与实际权重之间的偏差。

以 W_1 表示 W_{AHM},W_2 表示 W_{CRITIC},构建两个权重的线性组合:

$$W'' = \sum_{p=1}^{2} \lambda'_p W_p^{\mathrm{T}} \tag{4.30}$$

式中:λ'_p 为线性组合系数,$\lambda'_p > 0$。

对 W_1、W_2 进行最优化策略组合,使 W_p 与 W 间偏差最小:

$$\min_{q=1,2} \left| \sum_{p=1}^{2} \lambda'_p W_p^{\mathrm{T}} - W_q^{\mathrm{T}} \right|_2 \tag{4.31}$$

根据矩阵的微分性质,可得式(4.31)的最优化导数条件为

$$\sum_{p=1}^{2} \lambda_p' W_q W_p^T = W_q W_q^T \quad (q = 1, 2) \tag{4.32}$$

对应的矩阵形式为

$$\begin{bmatrix} W_1 W_1^T & W_1 W_2^T \\ W_2 W_1^T & W_2 W_2^T \end{bmatrix} \begin{bmatrix} \lambda_1' \\ \lambda_2' \end{bmatrix} = \begin{bmatrix} W_1 W_1^T \\ W_2 W_2^T \end{bmatrix} \tag{4.33}$$

可得出最优线性组合系数 λ_1'、λ_2'，对其进行归一化处理：

$$\lambda_p = \frac{\lambda_p'}{\sum\limits_{p=1}^{2} \lambda_p'} \tag{4.34}$$

最终得到评估指标综合权重 W：

$$W = \sum_{p=1}^{2} \lambda_p W_p^T \tag{4.35}$$

根据综合权重 W，可求得三级指标 C 相对于二级指标 B 的权重，其计算方法及形成的组合权重向量 W_{CB}' 如下：

$$W_{CB}' = \left[W_{CB_1}', W_{CB_2}', W_{CB_3}', W_{CB_4-C_4}', W_{CB_4-C_5}', \cdots, W_{CB_{27}-C_{74}}' \right]$$

$$= \left[W_{C_1}, W_{C_2}, W_{C_3}, \frac{W_{C_j}}{\sum\limits_{j=4}^{5} W_{C_j}}, \frac{W_{C_j}}{\sum\limits_{j=6}^{7} W_{C_j}}, \frac{W_{C_j}}{\sum\limits_{j=8}^{11} W_{C_j}}, \frac{W_{C_j}}{\sum\limits_{j=12}^{14} W_{C_j}}, \frac{W_{C_j}}{\sum\limits_{j=15}^{17} W_{C_j}}, \right.$$

$$\frac{W_{C_j}}{\sum\limits_{j=18}^{20} W_{C_j}}, \frac{W_{C_j}}{\sum\limits_{j=21}^{23} W_{C_j}}, \frac{W_{C_j}}{\sum\limits_{j=24}^{26} W_{C_j}}, \frac{W_{C_j}}{\sum\limits_{j=27}^{28} W_{C_j}}, \frac{W_{C_j}}{\sum\limits_{j=29}^{31} W_{C_j}}, \frac{W_{C_j}}{\sum\limits_{j=32}^{34} W_{C_j}}, \frac{W_{C_j}}{\sum\limits_{j=35}^{37} W_{C_j}},$$

$$\frac{W_{C_j}}{\sum\limits_{j=38}^{40} W_{C_j}}, \frac{W_{C_j}}{\sum\limits_{j=41}^{43} W_{C_j}}, \frac{W_{C_j}}{\sum\limits_{j=44}^{46} W_{C_j}}, \frac{W_{C_j}}{\sum\limits_{j=47}^{49} W_{C_j}}, \frac{W_{C_j}}{\sum\limits_{j=50}^{52} W_{C_j}}, \frac{W_{C_j}}{\sum\limits_{j=53}^{55} W_{C_j}}, \frac{W_{C_j}}{\sum\limits_{j=56}^{58} W_{C_j}},$$

$$\left. \frac{W_{C_j}}{\sum\limits_{j=59}^{61} W_{C_j}}, \frac{W_{C_j}}{\sum\limits_{j=62}^{64} W_{C_j}}, \frac{W_{C_j}}{\sum\limits_{j=65}^{67} W_{C_j}}, \frac{W_{C_j}}{\sum\limits_{j=68}^{70} W_{C_j}}, \frac{W_{C_j}}{\sum\limits_{j=71}^{74} W_{C_j}} \right] \tag{4.36}$$

根据综合权重 W，可求得二级指标 B 相对于一级指标 A 的权重，其计算方法及形成的组合权重向量 W_{BA_1}'、W_{BA_2}'、W_{BA_3}' 如下：

$$W_{BA_1}' = \left[W_{BA_1-B_1}', W_{BA_1-B_2}', \cdots, W_{BA_1-B_6}' \right]$$

$$= \left[\frac{W_{C_1}}{\sum\limits_{j=1}^{11} W_{C_j}}, \frac{W_{C_2}}{\sum\limits_{j=1}^{11} W_{C_j}}, \frac{W_{C_3}}{\sum\limits_{j=1}^{11} W_{C_j}}, \frac{\sum\limits_{j=4}^{5} W_{C_j}}{\sum\limits_{j=1}^{11} W_{C_j}}, \frac{\sum\limits_{j=6}^{7} W_{C_j}}{\sum\limits_{j=1}^{11} W_{C_j}}, \frac{\sum\limits_{j=8}^{11} W_{C_j}}{\sum\limits_{j=1}^{11} W_{C_j}} \right] \tag{4.37}$$

$$W'_{BA_2} = [W'_{BA_2-B_7}, W'_{BA_2-B_8}, \cdots, W'_{BA_2-B_{16}}]$$

$$= \left[\frac{\sum\limits_{j=12}^{14} W_{C_j}}{\sum\limits_{j=12}^{40} W_{C_j}}, \frac{\sum\limits_{j=15}^{17} W_{C_j}}{\sum\limits_{j=12}^{40} W_{C_j}}, \frac{\sum\limits_{j=18}^{20} W_{C_j}}{\sum\limits_{j=12}^{40} W_{C_j}}, \frac{\sum\limits_{j=21}^{23} W_{C_j}}{\sum\limits_{j=12}^{40} W_{C_j}}, \frac{\sum\limits_{j=24}^{26} W_{C_j}}{\sum\limits_{j=12}^{40} W_{C_j}}, \frac{\sum\limits_{j=27}^{28} W_{C_j}}{\sum\limits_{j=12}^{40} W_{C_j}}, \frac{\sum\limits_{j=29}^{31} W_{C_j}}{\sum\limits_{j=12}^{40} W_{C_j}}, \right.$$

$$\left. \frac{\sum\limits_{j=32}^{34} W_{C_j}}{\sum\limits_{j=12}^{40} W_{C_j}}, \frac{\sum\limits_{j=35}^{37} W_{C_j}}{\sum\limits_{j=12}^{40} W_{C_j}}, \frac{\sum\limits_{j=38}^{40} W_{C_j}}{\sum\limits_{j=41}^{74} W_{C_j}} \right] \quad (4.38)$$

$$W'_{BA_3} = [W'_{BA_3-B_{17}}, W'_{BA_3-B_{18}}, \cdots, W'_{BA_3-B_{27}}]$$

$$= \left[\frac{\sum\limits_{j=41}^{43} W_{C_j}}{\sum\limits_{j=41}^{74} W_{C_j}}, \frac{\sum\limits_{j=44}^{46} W_{C_j}}{\sum\limits_{j=41}^{74} W_{C_j}}, \frac{\sum\limits_{j=47}^{49} W_{C_j}}{\sum\limits_{j=41}^{74} W_{C_j}}, \frac{\sum\limits_{j=50}^{52} W_{C_j}}{\sum\limits_{j=41}^{74} W_{C_j}}, \frac{\sum\limits_{j=53}^{55} W_{C_j}}{\sum\limits_{j=41}^{74} W_{C_j}}, \frac{\sum\limits_{j=56}^{58} W_{C_j}}{\sum\limits_{j=41}^{74} W_{C_j}}, \frac{\sum\limits_{j=59}^{61} W_{C_j}}{\sum\limits_{j=41}^{74} W_{C_j}}, \right.$$

$$\left. \frac{\sum\limits_{j=62}^{64} W_{C_j}}{\sum\limits_{j=41}^{74} W_{C_j}}, \frac{\sum\limits_{j=65}^{67} W_{C_j}}{\sum\limits_{j=41}^{74} W_{C_j}}, \frac{\sum\limits_{j=68}^{70} W_{C_j}}{\sum\limits_{j=41}^{74} W_{C_j}}, \frac{\sum\limits_{j=71}^{74} W_{C_j}}{\sum\limits_{j=41}^{74} W_{C_j}} \right] \quad (4.39)$$

将以上三个组合权重向量 W'_{BA_1}、W'_{BA_2}、W'_{BA_3} 组成二级指标 B 相对于一级指标 A 的组合权重向量 W'_{BA}：

$$W'_{BA} = [W'_{BA_1}, W'_{BA_2}, W'_{BA_3}]$$

$$= \left[\frac{W_{C_1}}{\sum\limits_{j=1}^{11} W_{C_j}}, \frac{W_{C_2}}{\sum\limits_{j=1}^{11} W_{C_j}}, \frac{W_{C_3}}{\sum\limits_{j=1}^{11} W_{C_j}}, \frac{\sum\limits_{j=4}^{5} W_{C_j}}{\sum\limits_{j=1}^{11} W_{C_j}}, \cdots, \frac{\sum\limits_{j=71}^{74} W_{C_j}}{\sum\limits_{j=41}^{74} W_{C_j}} \right] \quad (4.40)$$

根据综合权重 W，可求得一级指标 A 相对于评估目标 U 的权重，其计算方法及形成的组合权重向量为

$$W'_{AU} = [W'_{AU-A_1}, W'_{AU-A_2}, W'_{AU-A_3}]$$

$$= \left[\frac{\sum\limits_{j=1}^{11} W_{C_j}}{\sum\limits_{j=1}^{74} W_{C_j}}, \frac{\sum\limits_{j=12}^{40} W_{C_j}}{\sum\limits_{j=1}^{74} W_{C_j}}, \frac{\sum\limits_{j=41}^{74} W_{C_j}}{\sum\limits_{j=1}^{74} W_{C_j}} \right] \quad (4.41)$$

4.4 改进 AHM-RS 雷达装备保障性评估指标赋权方法

雷达装备保障性评估中存在不确定和定性的内容,因此在确定指标权重时既有必要采取主观赋权法咨询专家和使用者的意见,从而体现专家和操作人员对雷达装备保障性各评估指标的重视程度,又需要根据实际情况收集数据,利用数学方法进行处理,客观地得出指标权重。为了提高雷达装备保障性评估指标权重的科学性和合理性,本节对传统的属性层次模型(AHM)法和粗糙集(RS)法进行改进,提出一种改进的 AHM-RS 组合赋权方法,以便得出更为合理的指标权重。

4.4.1 改进 AHM 主观赋权法

1. 传统的 AHM 法

在属性层次模型中,假设评估对象 A 受 n 个指标 $(a_1,a_2,\cdots,a_n)$ 的影响,比较 2 个不同的影响因素 a_i 和 $a_j(i \neq j)$,将 a_i 和 a_j 对评估对象 A 的相对重要性分别记为 a_{ij} 和 a_{ji}。根据属性测度的要求,a_{ij} 和 a_{ji} 应满足:$a_{ij} \geq 0, a_{ji} \geq 0, a_{ij} + a_{ji} = 1, (i \neq j)$;又因各指标自身比较没有实际意义,所以规定当 $i = j$ 时,$a_{ij} = 0$。由此可得到由相对属性 a_{ij} 组成的属性判断矩阵 $(a_{ij})_{n \times n}$。

在常见的 AHM 赋权法中,为了方便操作,使结果量化,一般用 1~9 比例标度法,来表示 2 个指标的相对重要程度,如表 4.4 所示。通过专家打分可以得到两两比较判断矩阵 $(b_{ij})_{n \times n}$。

表 4.4　比例标度的含义

比例标度 K	重要程度
1	a_i 与 a_j 有相同的重要性
3	a_i 比 a_j 稍微重要
5	a_i 比 a_j 明显重要
7	a_i 比 a_j 强烈重要
9	a_i 比 a_j 极度重要
2,4,6,8	介于上述两判断的中间值

而属性判断矩阵 $(a_{ij})_{n \times n}$ 中的相对属性 a_{ij} 又可根据 b_{ij} 得到:

$$a_{ij} = \begin{cases} \dfrac{\beta K}{\beta K + 1} & (b_{ij} = K, i \neq j) \\[2mm] \dfrac{1}{\beta K + 1} & \left(b_{ij} = \dfrac{1}{K}, i \neq j\right) \\[2mm] 0.5 & (b_{ij} = 1, i \neq j) \\[2mm] 0 & (b_{ij} = 1, i = j) \end{cases} \tag{4.42}$$

式中：K 为大于等于 2 的正整数；$\beta \geqslant 1$。

根据 AHM 赋权法，各相对属性的权重为

$$W_i = \frac{2}{m(m-1)} \sum_{j=1}^{m} a_{ij} \quad (i = 1, 2, \cdots, m) \tag{4.43}$$

式中：m 为同一指标下属级别指标的个数。

设 W_{B_k}（$k = 1, 2, \cdots, s$）为一级指标的集合 $\{B_1, B_2, \cdots, B_s\}$ 中各一级指标相对于评估对象 A 的权重，$W_{C_{kp}}$（$p = 1, 2, \cdots, q$）为一级指标 B_k 下的二级指标的集合 $\{C_{k1}, C_{k2}, \cdots, C_{kq}\}$ 中各二级指标相对于一级指标 B_k 的权重，则各一级指标 B_k 下属的二级指标 C_{kp} 相对于评估对象 A 的合成权重为

$$W_{\mathrm{AHM}} = W_{B_k} W_{C_{kp}} \tag{4.44}$$

2. 改进 AHM 赋权法

经研究发现，式（4.42）中的参数 β 取不同值会得到不同的属性判断矩阵，文献[83]中 β 取值为 1，而文献[84]中 β 取值为 2，均未说明相应的取值依据。针对此问题，在 AHM 法中引入评分标度，将比例标度转化为具有可加性的评分标度来加以改进，从而避免了 β 取值的问题。

评分标度 u_{ij} 表示指标 u_i 和指标 u_j 在对评估对象 A 进行相对重要度比较时，指标 u_i 的重要性得分；相应地，u_{ji} 则表示指标 u_j 的重要性得分。评分标度 u_{ij} 可由判断矩阵 b_{ij} 根据下式转化得到

$$u_{ij} = \begin{cases} 0.05b_{ij} + 0.45 & (i \neq j, 1 < b_{ij} \leqslant 9) \\ 1 - [0.05b_{ji} + 0.45] & \left(i \neq j, \dfrac{1}{9} \leqslant b_{ij} < 1\right) \\ 0.5 & (i \neq j, b_{ij} = 1) \\ 0 & (i = j) \end{cases} \tag{4.45}$$

因此，通过专家打分得到两两比较判断矩阵 $(b_{ij})_{n \times n}$ 后，可通过式（4.45）得到评分标度判断矩阵 $(u_{ij})_{n \times n}$。

根据评分标度 u_{ij} 的可加性，经过 n 次比较后，指标 u_i 获得的重要性得分之和为

$$\gamma_i = \sum_{j=1}^{n} u_{ij} \tag{4.46}$$

在进行 n^2 次比较后，除了 n 次与自身比较得分为 0 外，指标 u_i 与指标 u_j 和指标 u_j 与指标 u_i 各比较了 $n(n-1)/2$ 次，最终指标 u_i 的重要度得分率，即权重为

$$W_i' = \frac{2}{n(n-1)} \gamma_i = \frac{2}{n(n-1)} \sum_{j=1}^{n} u_{ij} \tag{4.47}$$

4.4.2　改进 RS 客观赋权法

1. 传统的 RS 赋权法

在粗糙集理论中,当评估问题表达为决策表时,指标的权重即为属性重要度,可通过计算属性重要度确定指标权重。为了计算某个属性的重要度,可以从表中剔除该属性,然后观察剔除该属性后分类的变化情况。如果剔除该属性会导致分类发生相应地变化,则说明该属性的重要度高,反之说明重要度低[74]。文献[73,87]中对信息系统决策表和属性重要性给出了如下定义。

定义 1[87]　综合评估信息系统决策表表示为 $S = \{U, R, V, f\}$,其中,U 为非空有限集,称为论域;R 是属性的非空有限集合;$V = \bigcup_{r \in R} V_r$ 是属性值的集合;V_r 表示属性 $r \in R$ 的属性值范围,即属性值的值域;$f: U \times R \to V$ 是一个信息函数,它指定 U 中每一个对象 x 的各种属性值,具体如下:

$$\forall r \in R, x \in U, f(x, r) \in V_r$$

一般地,$R = C \cup D$,$C \cap D = \varnothing$,子集 C 和 D 分别为条件属性集和决策属性集,其中 $D \neq \varnothing$。

定义 2[73]　对于决策表 $S = \{U, R, V, f\}$,$R = C \cup D$,条件属性 $c_i \in C(i = 1, 2, \cdots, n)$,$c_i$ 对于决策属性 D 的重要度定义为 $\mathrm{sig}(c_i)$,如下所示:

$$\mathrm{sig}(c_i) = \gamma_C(D) - \gamma_{C-c_i}(D) = \frac{\mathrm{card}(\mathrm{pos}_C(D)) - \mathrm{card}(\mathrm{pos}_{C-c_i}(D))}{\mathrm{card}(U)}$$

(4.48)

式中:$\mathrm{card}(\cdot)$ 为集合的基数;$\gamma_C(D)$ 为 D 关于 C 的相对依赖度。

将各个属性的重要度进行归一化处理,即可得到各指标的权重为

$$W_i = \frac{\mathrm{sig}(c_i)}{\sum_{i=1}^{n} \mathrm{sig}(c_i)}$$

(4.49)

由此可见,某一指标 c_i 的属性重要度 $\mathrm{sig}(c_i)$ 越大,则权重 W_i 越大。

但是依据式(4.48)计算属性重要度时,个别属性的重要度可能为 0,从而导致该指标的权重值为 0。指标体系中每个指标都有其独自的意义,计算出该指标权重值为 0 则不符合实际情况。甚至可能发生所有属性的重要度均为 0 的极端现象,导致评估指标的赋权工作无法继续开展,可见该方法存在不足之处。

2. 改进 RS 赋权法

为了保证每个指标的权重值均大于 0,则需确保该指标的属性重要度大于 0。在此引入条件熵的概念。

定义 3[87]　在决策表 $S = \{U, R, V, f\}$ 中,决策属性 $D = \{D_1, D_2, \cdots, D_k\}$ 相对于条件属性 $C = \{c_1, c_2, \cdots, c_n\}$ 的条件熵为

$$I(D \mid C) = \sum_{i=1}^{n} \frac{|c_i|^2}{|U|^2} \sum_{j=1}^{k} \frac{|D_j \cap c_i|}{|c_i|} \left(1 - \frac{|D_j \cap c_i|}{|c_i|}\right) \qquad (4.50)$$

改进后的属性重要度为

$$\text{sig}'(c_i) = I(D \mid C - \{c_i\}) - I(D \mid C) + \frac{\sum\limits_{a \in C} |a(x)| - \sum\limits_{a \in C - \{c_i\}} |a(x)|}{\sum\limits_{a \in C} |a(x)|}$$

$$(4.51)$$

式中: $a(x) = U/\{a\}$ 。

则改进后的指标 c_i 权重为

$$W'(c_i) = \frac{\text{sig}'(c_i) + I(D \mid \{c_i\})}{\sum\limits_{a \in C} \{\text{sig}'(a) + I(D \mid \{a\})\}} \qquad (4.52)$$

通过式(4.51)计算的属性重要度总是大于 0,从而得出该指标的权重值总大于 0。因此,通过引入条件熵的概念,改进后的粗糙集赋权法解决了改进前的不足之处。

4.4.3　离差最大化思想确定评估指标组合权重

在确定了 AHM 主观赋权法和 RS 客观赋权法后,对两者进行组合赋权时,首先面临的是如何选取组合方法的问题。组合方法将主客观赋权法的权重值综合考虑,合成为一个组合的权重值。组合方法若选取不当,得到的组合权重也会丧失其准确性和可靠性。常用的主客观组合赋权法主要有两种[87]:

$$q_i = \frac{\alpha_i w_i}{\sum\limits_{i=1}^{n} \alpha_i w_i} \qquad (4.53)$$

$$q_i = \delta \alpha_i + (1 - \delta) w_i \qquad (4.54)$$

式中: $0 \leqslant \delta \leqslant 1$; q_i 为第 i 个指标的组合权重; α_i 为第 i 个指标的主观权重; w_i 为第 i 个指标的客观权重。式(4.53)是乘法合成的归一化处理方法,式(4.54)是线性加权组合赋权法。

乘法合成的特点是:

(1) 乘法合成具有倍增效应,会导致权重大的指标合成后权重继续增大,权重小的指标合成后持续减小;

(2) 乘法合成对各赋权方法的关联性有较高的要求;

（3）乘法合成对各赋权方法的权重值变动较为敏感。

因此，乘法合成法仅适用于指标数量多，且各赋权方法的权重值分配较为均匀的场合。

线性加权的特点是：

（1）各赋权方法的权重值可以线性补偿；

（2）对各赋权方法的权重值一致性要求不高；

（3）对各赋权方法的权重值变动不敏感。

其适用于各赋权方法相互独立的场合，但也存在一定的缺陷。例如文献[88]在赋权方法的组合上采用线性加权组合赋权法，根据决策者对主客观赋权法的偏好，取 δ 为 0.5，即主客观赋权法同等重要。该方法过于依赖决策者的喜好，显得主观随意性较大。

因影响雷达装备保障性的因素较多，且影响程度各异，其评估指标间的相对重要程度相差较大，最终各指标的权重值分配肯定不会趋于均匀。又因线性加权过多依靠于决策者的主观偏好，随意性较大。因此，上述两种组合赋权方法均不太适用于雷达装备保障性评估指标体系的组合赋权。

雷达装备保障性评估指标权重的确定对其评估结果有极其重要的影响。但由于雷达装备保障性评估工作的复杂性及评估者思维的模糊性，一般很难完全准确地确定各指标的权重。这种情况下，适合采用离差最大化思想进行主客观赋权结果的组合赋权。

在使用改进 AHM 法和改进 RS 法确定主观权重 W_i 和客观权重 W_i' 后，在对雷达装备保障性进行评估时，既要考虑专家和使用者的意见也要依据真实的数据，因此要组合主客观赋权法的优点，得到主客观综合权重：

$$W_i'' = \alpha W_i + \beta W_i' \tag{4.55}$$

式中：$0 \leqslant \alpha \leqslant 1, 0 \leqslant \beta \leqslant 1, \alpha^2 + \beta^2 = 1$。

基于离差最大化思想，权重向量 $\boldsymbol{W}$ 应使所有 n 个属性对所有 m 个方案的总离差达到最大。可构建以下模型：

$$\max Z = \sum_{i=1}^{n} \sum_{j=1}^{m} (r_{ji} - \overline{r_{ji}})^2 W_i'' = \sum_{i=1}^{n} \sum_{j=1}^{m} (r_{ji} - \overline{r_{ji}})^2 (\alpha W_i + \beta W_i')$$

模型中，$\overline{r_{ji}}$ 表示属性 i 的 m 个属性值的算术平均值，即 $\overline{r_{ji}} = \dfrac{1}{m} \sum_{j=1}^{m} r_{ji}, i = 1, 2, \cdots, n$。

经计算得到 α, β 的值如下：

$$\alpha = 1 \Bigg/ \sqrt{1 + \frac{\sum\limits_{i=1}^{n}\sum\limits_{j=1}^{m}(r_{ji} - \overline{r_{ji}})^2 W_i}{\sum\limits_{i=1}^{n}\sum\limits_{j=1}^{m}(r_{ji} - \overline{r_{ji}})^2 W_i'}} \tag{4.56}$$

$$\beta = 1 \Bigg/ \sqrt{1 + \frac{\sum\limits_{i=1}^{n}\sum\limits_{j=1}^{m}(r_{ji} - \overline{r_{ji}})^2 W_i'}{\sum\limits_{i=1}^{n}\sum\limits_{j=1}^{m}(r_{ji} - \overline{r_{ji}})^2 W_i}} \tag{4.57}$$

得到 α,β 的取值后,代入式(4.55)得到组合权重 $W_i'' = (w_1'', w_2'', \cdots, w_n'')$。经过归一化处理后,可得到最终的归一化组合权重值。

4.4.4 雷达装备保障性组合赋权实例分析

以雷达装备保障性评估为例。根据图3.6构建的雷达装备保障性评估指标体系可知,雷达装备保障性受3个一级指标保障性综合参数 B_1、保障性设计参数 B_2、保障性资源参数 B_3 和其下属的13个二级指标的影响。对雷达装备保障性进行评估,首先要确定上述指标的权重。

1. 改进 AHM 法确定雷达装备保障性评估指标主观权重

邀请专家根据表4.4所示的比例标度,对图3.6中的一级指标保障性综合参数 B_1、保障性设计参数 B_2、保障性资源参数 B_3 按顺序进行两两比较,得到判断矩阵:

$$\boldsymbol{B} = \begin{bmatrix} 1 & \dfrac{1}{4} & \dfrac{1}{3} \\[2mm] 4 & 1 & \dfrac{1}{2} \\[2mm] 3 & 2 & 1 \end{bmatrix}$$

同理,得出保障性综合参数 B_1 下属的4个二级指标的判断矩阵、保障性设计参数 B_2 下属的5个二级指标的判断矩阵、保障性资源参数 B_3 下属的4个二级指标的判断矩阵:

$$\boldsymbol{B_1} = \begin{bmatrix} 1 & 5 & 5 & 8 \\[2mm] \dfrac{1}{5} & 1 & 1 & 3 \\[2mm] \dfrac{1}{5} & 1 & 1 & 3 \\[2mm] \dfrac{1}{8} & \dfrac{1}{3} & \dfrac{1}{3} & 1 \end{bmatrix}$$

$$B_2 = \begin{bmatrix} 1 & 2 & 4 & 3 & 4 \\ \dfrac{1}{2} & 1 & 3 & 2 & 3 \\ \dfrac{1}{4} & \dfrac{1}{3} & 1 & \dfrac{1}{2} & 1 \\ \dfrac{1}{3} & \dfrac{1}{2} & 2 & 1 & 2 \\ \dfrac{1}{4} & \dfrac{1}{3} & 1 & \dfrac{1}{2} & 1 \end{bmatrix}$$

$$B_3 = \begin{bmatrix} 1 & 3 & 4 & 2 \\ \dfrac{1}{3} & 1 & 2 & \dfrac{1}{2} \\ \dfrac{1}{4} & \dfrac{1}{2} & 1 & \dfrac{1}{3} \\ \dfrac{1}{2} & 2 & 3 & 1 \end{bmatrix}$$

由式(4.45)可分别得到评分标度判断矩阵:

$$U = \begin{bmatrix} 0 & 0.35 & 0.4 \\ 0.65 & 0 & 0.45 \\ 0.6 & 0.55 & 0 \end{bmatrix}$$

$$U_1 = \begin{bmatrix} 0 & 0.7 & 0.7 & 0.85 \\ 0.3 & 0 & 0.5 & 0.6 \\ 0.3 & 0.5 & 0 & 0.6 \\ 0.15 & 0.4 & 0.4 & 0 \end{bmatrix}$$

$$U_2 = \begin{bmatrix} 0 & 0.55 & 0.65 & 0.6 & 0.65 \\ 0.45 & 0 & 0.6 & 0.55 & 0.6 \\ 0.35 & 0.4 & 0 & 0.45 & 0.5 \\ 0.4 & 0.45 & 0.55 & 0 & 0.55 \\ 0.35 & 0.4 & 0.5 & 0.45 & 0 \end{bmatrix}$$

$$U_3 = \begin{bmatrix} 0 & 0.6 & 0.65 & 0.55 \\ 0.4 & 0 & 0.55 & 0.45 \\ 0.35 & 0.45 & 0 & 0.4 \\ 0.45 & 0.55 & 0.6 & 0 \end{bmatrix}$$

由式(4.47)可分别得到相对权重如表4.5~表4.8所示:

表 4.5 改进 AHM 评估指标权重表 I

评估指标	权重
W_{B_1}	0.2500
W_{B_2}	0.3667
W_{B_3}	0.3833

则组合向量 $W_{B_i} = (0.2500, 0.3667, 0.3833)$。

表 4.6 改进 AHM 评估指标权重表 II

评估指标	权重
$W_{C_{11}}$	0.3750
$W_{C_{12}}$	0.2333
$W_{C_{13}}$	0.2333
$W_{C_{14}}$	0.1584

则组合向量 $W_{C_{1j}} = (0.3750, 0.2333, 0.2333, 0.1584)$。

表 4.7 改进 AHM 评估指标权重表 III

评估指标	权重
$W_{C_{21}}$	0.2450
$W_{C_{22}}$	0.2200
$W_{C_{23}}$	0.1700
$W_{C_{24}}$	0.1950
$W_{C_{25}}$	0.1700

则组合向量 $W_{C_{2j}} = (0.2450, 0.2200, 0.1700, 0.1950, 0.1700)$。

表 4.8 改进 AHM 评估指标权重表 IV

评估指标	权重
$W_{C_{31}}$	0.3000
$W_{C_{32}}$	0.2333
$W_{C_{33}}$	0.2000
$W_{C_{34}}$	0.2667

则组合向量 $W_{C_{3j}} = (0.3000, 0.2333, 0.2000, 0.2667)$。

由式(4.43)可得到在改进的 AHM 赋权法下,各指标相对于雷达装备保障性的权重:

$W_{AHM} = (0.0938, 0.0583, 0.0583, 0.0397, 0.0898, 0.0807, 0.0623, 0.0715, 0.0623, 0.1150, 0.0894, 0.0767, 0.1022)$

2. 改进 RS 法确定雷达装备保障性评估指标客观权重

根据定义 1 结合雷达装备保障性实例,得到雷达装备保障性评估信息系统决策表表示为 $S = \{U, R, V, f\}$,其中,U 为非空有限集,其代表所收集的相关数据,称为论域;R 是属性的非空有限集合,表示雷达装备保障性及其评估指标构成的集合;$V = \bigcup_{r \in R} V_r$ 是属性值的集合,在此 V 表示收集的各指标数据离散化之后的集合 $\{1, 2, 3\}$,其中"1"代表保障性差,"2"代表保障性一般,"3"代表保障性好。V_r 表示属性 $r \in R$ 的属性值范围,即属性值的值域,在此 V_r 为各指标对应的保障性状况区间范围 $[1, 3]$;$f: U \times R \rightarrow V$ 是一个信息函数,它指定 U 中每一个对象 x 的各种属性值,具体如下:

$$\forall r \in R, x \in U, f(x, r) \in V_r$$

一般地,$R = C \cup D$,$C \cap D = \varnothing$,子集 C 和 D 分别为条件属性集和决策属性集,即 C 表示雷达装备保障性评估指标的集合 $C = \{B_1, B_2, B_3\}$,D 代表雷达装备保障性,其中 $D \neq \varnothing$。

各指标值离散化之后,形成如表 4.9 所示的雷达装备保障性评估指标原始决策表。

表 4.9　雷达装备保障性评估指标原始决策表

U	B_1				B_2					B_3				D
	C_{11}	C_{12}	C_{13}	C_{14}	C_{21}	C_{22}	C_{23}	C_{24}	C_{25}	C_{31}	C_{32}	C_{33}	C_{34}	
a	3	3	3	3	1	3	3	2	1	2	2	3	3	3
b	2	3	1	2	1	3	2	2	1	2	2	2	1	2
c	3	3	3	3	2	2	3	2	1	2	3	3	3	3
d	2	3	3	2	3	3	1	3	3	2	2	3	3	3
e	2	2	1	2	3	2	3	2	2	2	2	1	2	2
f	1	1	1	2	1	3	2	2	2	1	2	3	2	2
g	1	1	1	1	3	1	1	2	1	1	1	2	1	1
h	3	3	1	2	2	2	2	1	2	2	2	1	1	2
i	2	1	1	2	1	3	2	3	1	2	3	2	1	2
j	2	1	1	2	1	3	2	1	2	1	2	2	2	2

现以条件属性 C_{11} 为例计算其权重值,由表4.9可得:

论域 U 对所有条件属性 C 的分类为

$$U/\mathrm{ind}(C) = \{a,b,c,d,e,f,g,h,i,j\}$$

论域 U 对决策属性 D 的分类为

$$U/\mathrm{ind}(D) = \{(a,c,d),(b,e,f,h,i,j),g\}$$

因此可得决策属性 D 的条件属性 C - 正域为

$$\mathrm{pos}_C(D) = \{a,b,c,d,e,f,g,h,i,j\} = U$$

论域 U 对条件属性 C_{11} 的分类为

$$U/\mathrm{ind}(C_{11}) = \{(a,c,h),(b,e,d,i,j),(f,g)\}$$

论域 U 除去条件属性 C_{11} 后对条件属性的分类为

$$U/\mathrm{ind}(C - C_{11}) = \{a,b,c,d,e,f,g,h,i,j\}$$

由式(4.50)可得 D 相对 C 的条件熵为

$$I(D \mid C) = \left(\frac{1}{10}\right)^2 \left[\frac{1}{1}\left(1 - \frac{1}{1}\right) + \frac{0}{1}\left(1 - \frac{0}{1}\right) + \frac{0}{1}\left(1 - \frac{0}{1}\right)\right] + \cdots$$
$$+ \left(\frac{1}{10}\right)^2 \left[\frac{0}{1}\left(1 - \frac{0}{1}\right) + \frac{1}{1}\left(1 - \frac{1}{1}\right) + \frac{0}{1}\left(1 - \frac{0}{1}\right)\right] = 0$$

同理可得 D 相对 C_{11} 的条件熵为

$$I(D \mid \{C_{11}\}) = \left(\frac{3}{10}\right)^2 \left[\frac{2}{3}\left(1 - \frac{2}{3}\right) + \frac{1}{3}\left(1 - \frac{1}{3}\right) + \frac{0}{3}\left(1 - \frac{0}{3}\right)\right] +$$
$$\left(\frac{5}{10}\right)^2 \left[\frac{1}{5}\left(1 - \frac{1}{5}\right) + \frac{4}{5}\left(1 - \frac{4}{5}\right) + \frac{0}{5}\left(1 - \frac{0}{5}\right)\right] +$$
$$\left(\frac{2}{10}\right)^2 \left[\frac{0}{2}\left(1 - \frac{0}{2}\right) + \frac{1}{2}\left(1 - \frac{1}{2}\right) + \frac{1}{2}\left(1 - \frac{1}{2}\right)\right] = \frac{14}{100}$$

同理可得除去条件属性 C_{11} 后,D 相对 $\{C - C_{11}\}$ 的条件熵为

$$I(D \mid \{C - C_{11}\}) = \left(\frac{1}{10}\right)^2 \left[\frac{1}{1}\left(1 - \frac{1}{1}\right) + \frac{0}{1}\left(1 - \frac{0}{1}\right) + \frac{0}{1}\left(1 - \frac{0}{1}\right)\right] + \cdots$$
$$+ \left(\frac{1}{10}\right)^2 \left[\frac{0}{1}\left(1 - \frac{0}{1}\right) + \frac{1}{1}\left(1 - \frac{1}{1}\right) + \frac{0}{1}\left(1 - \frac{0}{1}\right)\right] = 0$$

由式(4.51)可得条件属性 C_{11} 的属性重要度为

$$\mathrm{sig}'(C_{11}) = 0 - 0 + \frac{37 - 34}{37} = \frac{3}{37}$$

根据上述过程,同理可得条件属性 $C_{12} \sim C_{34}$ 的属性重要度分别为

$$\mathrm{sig}'(C_{13}) = \mathrm{sig}'(C_{14}) = 0 - 0 + \frac{37 - 35}{37} = \frac{2}{37}$$

$$\mathrm{sig}'(C_{12}) = \mathrm{sig}'(C_{21}) = \mathrm{sig}'(C_{22}) = \mathrm{sig}'(C_{23})$$

$$= \mathrm{sig}'(C_{24}) = \mathrm{sig}'(C_{25}) = \mathrm{sig}'(C_{31}) = \mathrm{sig}'(C_{32})$$

$$= \mathrm{sig}'(C_{33}) = \mathrm{sig}'(C_{34}) = 0 - 0 + \frac{37 - 34}{37} = \frac{3}{37}$$

由式(4.52)可得指标 C_{11} 的权重值为

$$W'(C_{11}) = \frac{\mathrm{sig}'(C_{11}) + I(D \mid \{C_{11}\})}{\sum_{a \in C} \{\mathrm{sig}'(a) + I(D \mid \{a\})\}} = \frac{409}{5772} = 0.0709$$

同理可得指标 $C_{12} \sim C_{34}$ 的权重值分别为 0.0837、0.0558、0.1007、0.0516、0.0965、0.0323、0.1157、0.0773、0.0901、0.0965、0.0580、0.0709。

因此,在改进 RS 赋权法下,各指标相对于雷达装备保障性的权重:

$$W_{RS} = (0.0709, 0.0837, 0.0558, 0.1007, 0.0516, 0.0965, 0.0323, 0.1157,$$
$$0.0773, 0.0901, 0.0965, 0.0580, 0.0709)$$

3. 确定雷达装备保障性评估指标组合权重

由改进 AHM 法计算的主观权重为

$$W_i = (0.0938, 0.0583, 0.0583, 0.0397, 0.0898, 0.0807, 0.0623, 0.0715, 0.0623,$$
$$0.1150, 0.0894, 0.0767, 0.1022)$$

由改进 RS 法计算的客观权重为

$$W_i' = (0.0709, 0.0837, 0.0558, 0.1007, 0.0516, 0.0965, 0.0323, 0.1157, 0.0773,$$
$$0.0901, 0.0965, 0.0580, 0.0709)$$

基于离差最大化思想,组合主客观赋权法的优点,得到主客观组合权重:

$$W_i'' = \alpha W_i + \beta W_i'$$

其中, $0 \leqslant \alpha \leqslant 1, 0 \leqslant \beta \leqslant 1, \alpha^2 + \beta^2 = 1$。

根据表 4.9 中的数据,由式(4.56)和式(4.57)计算得出 α, β 的值如下:

$$\alpha = 1 \Bigg/ \sqrt{1 + \frac{\sum_{i=1}^{n} \sum_{j=1}^{m} (r_{ji} - \overline{r_{ji}})^2 W_i}{\sum_{i=1}^{n} \sum_{j=1}^{m} (r_{ji} - \overline{r_{ji}})^2 W_i'}} = 0.6958$$

$$\beta = 1 \Bigg/ \sqrt{1 + \frac{\sum_{i=1}^{n} \sum_{j=1}^{m} (r_{ji} - \overline{r_{ji}})^2 W_i'}{\sum_{i=1}^{n} \sum_{j=1}^{m} (r_{ji} - \overline{r_{ji}})^2 W_i}} = 0.7183$$

代入式(4.55)得到主客观组合权重值:

$$W_i'' = \alpha W_i + \beta W_i' = (0.1162, 0.1007, 0.0806, 0.0999, 0.0995, 0.1255,$$

0.0666,0.1329,0.0989,0.1447,0.1315,0.0950,0.1220)

经过归一化处理后得到最终的组合权重：

$W_0'' = (0.0822,0.0712,0.0570,0.0707,0.0704,0.0888,0.0471,0.0940,0.0699,$
$0.1023,0.0930,0.0672,0.0862)$

(4.5) 本 章 小 结

　　本章的主要工作是建立和运用以雷达装备保障性评估指标体系为依据、与雷达装备保障性评估相适应的评估指标综合赋权方法。本章运用基于改进 AHM-CRITIC 的雷达装备保障性评估指标综合赋权方法,对传统的 CRITIC 法予以优化改进,引入熵权法中的差异系数,改良冲突系数中的相关系数等,并详细介绍了综合赋权方法运算步骤。本章运用的综合赋权方法将主观赋权法——AHM 法与改良后的客观赋权法——CRITIC 法相结合,利用博弈论的 Nash 均衡,将 AHM 评估指标权重与 CRITIC 评估指标权重进行最优化决策组合,将两种赋权方法所得评估指标权重综合起来,最终确定雷达装备保障性评估指标的综合权重。同时,分别对属性层次模型(AHM)主观赋权法和粗糙集(RS)客观赋权法进行改进,并利用离差最大化思想将两者结合,通过基于改进 AHM-RS 的雷达装备保障性评估指标综合赋权方法得到组合权重。最后,通过雷达装备保障性评估指标赋权实例,对该组合赋权法进行了具体分析验证。基于改进 AHM-CRITIC 和基于改进 AHM-RS 这两种雷达装备保障性评估指标综合赋权方法为后续的评估过程打下了基础。

第 5 章
雷达装备保障性可拓评估模型与应用

本章在 3.4 节建立的约简后的雷达装备保障性评估指标体系和 4.4 节提出的基于改进 AHM-RS 的雷达装备保障性评估指标赋权方法的基础上,引入可拓学理论,结合雷达装备保障性评估实际,通过可拓集合的关联函数计算雷达装备保障性的关联度,建立适用于雷达装备保障性评估的物元模型,并直观地反映出保障性等级。

(5.1) 可拓学理论

可拓学是以蔡文教授为首的我国学者们创立的以物元分析为基础的新学科,它用形式化的模型,研究事物拓展的可能性和开拓创新的规律与方法,并用于处理矛盾问题[89]。可拓学的核心是将矛盾问题的目的和条件进行变化,让矛盾问题转换为相容问题,从而达到最初的目的。可拓学的本质是将世间万物均认为是可拓的,没有绝对矛盾和对立的两种事物,也没有完全一样的两种事物,所有事物均可通过相应的手段互相转化。可拓学主要的研究内容和与其他方法的区别之处,是研究怎样利用形式化的方式完成事物间的相互转化问题。

1. 基元理论

基元是可拓学的逻辑细胞,其包括物元、事元和关系元。通过基元可以描述事、物、关系和问题,也可描述信息、知识和策略。研究基元的拓展性和变换以及变换运算的规律,可以构建由数学模型拓展的可拓模型,用来表示和解决矛盾问题。

2. 物元

可拓学理论中,物元可以表示为关于事物、特征及量值的有序三元组[90],记为:$R = ($ 事物,特征,量值 $) = (N,C,V)$。其中事物 N、特征 C 和量值 V 称为

物元 R 的三要素。

事物:事物可分为个物和类物。个物用来描述某个具体的事物,类物用以描述某一类事物。

特征:特征是某个客体或某组客体特性的抽象结果。在描述事物时,我们会注意事物的性质、功能、状态和事物间的关系,将这些事物的特性定义为特征。要想了解某个事物,就需要了解某个事物的特征,掌握了事物的特征及其量值就有了关于该事物的知识。

量值:在描述某一事物的特征时用到的数量、程度或范围,称为该事物关于该特征的量值。量值分为数量量值和非数量量值,可用实数和某一量纲表示的量值是数量量值,不能用实数表示的量值为非数量量值。非数量量值也可通过打分、赋权等方法转化为数量量值,便于定量计算。

若某一事物有 n 个特征,记为 $c_1,c_2,\cdots,c_n$,对应的量值记为 $v_1,v_2,\cdots,v_n$,则该物元记为

$$\boldsymbol{R} = (N,C,V) = \begin{bmatrix} N & c_1 & v_1 \\ & c_2 & v_2 \\ & \vdots & \vdots \\ & c_n & v_n \end{bmatrix}$$

在可拓学理论中认为事物均有可拓性,物元的可拓性包含相关性、发散性、共轭性和可扩性。

相关性:如果某物元与其他物元关于某一特征的量值之间存在一定的依赖关系,则称这些物元是相关的。根据相关性,可以分析物元内部和外部的相关关系,在解决某一问题时,若某物元无法解决,可将其转化为与之相关联的另一个物元来解决。

发散性:包括一征多对象、一对象多征和一值多物。一征多对象是可从一个物元出发,拓展出多个相同特征的物元。如果一个物元无法解决问题,可尝试通过与其同征的其他物元来解决;一对象多征是从一个物元出发,可拓展出多个对象物元,在解决问题时,如果无法直接转化问题,可尝试通过物元的对象与其他特征形成的物元来解决;一值多物是一个物元可拓展出多个同特征、同对象的物元,即在不同的参数下,同一对象关于同一特征可有多个取值。

共轭性:共轭性从系统性、物质性、对立性和动态性四方面来认识事物,可以更加全面、深刻地了解事物的本质。

可扩性:指物元之间可以扩缩和分解、组合,物元可通过某种变换方式具有原先所不具备的特征,这些新特征可能成为解决问题的途径。可扩性包含可扩

缩性、可分解性和可组合性。

3. 事元

物与物的相互作用通过事元来描述。将动作 O_a、动作的特征 C_a 和动作关于特征的量值 V_a 构成的有序三元组作为描述事的基本元成为一维事元,记为:
$$A = (动作,动作的特征,量值) = (O_a, C_a, V_a)$$

和物元类似,将 (C_a, V_a) 称为事元的特征元。对动作而言,其基本特征包含施动对象、支配对象、接受对象、地点、时间、方式、程度、工具。动作 O_a,n 个特征 $c_{a1}, c_{a2}, \cdots, c_{an}$ 和 O_a 关于 $c_{a1}, c_{a2}, \cdots, c_{an}$ 取得的量值 $v_{a1}, v_{a2}, \cdots, v_{an}$,构成的阵列称为 n 维事元,记为

$$A = (O_a, C_a, V_a) = \begin{bmatrix} O_a & c_{a1} & v_{a1} \\ & c_{a2} & v_{a2} \\ & \vdots & \vdots \\ & c_{an} & v_{an} \end{bmatrix}$$

4. 关系元

自然界中的任意两个事物、知识、信息,均存在各种各样的关系。因这些关系之间相互影响、相互作用,所以描述它们的事元、物元和关系元也与其他的事元、物元和关系元有各种各样的关系,这些关系的变化也会相互影响、相互作用。描述这类现象的形式化工具称为关系元。

以关系词或关系符 O_r,n 个特征 $c_{r1}, c_{r2}, \cdots, c_{rn}$ 和 O_r 关于 $c_{r1}, c_{r2}, \cdots, c_{rn}$ 的量值 $v_{r1}, v_{r2}, \cdots, v_{rn}$,构成的阵列称为 n 维关系元,记为

$$Q = (O_r, C_r, V_r) = \begin{bmatrix} O_r & c_{r1} & v_{r1} \\ & c_{r2} & v_{r2} \\ & \vdots & \vdots \\ & c_{rn} & v_{rn} \end{bmatrix}$$

5. 关联函数

关联函数是用来描述论域中的元素具备某种特性的程度,从而使其可以客观地描述这种程度的大小及其量变和质变的过程。

为了构建关联函数,需要定义距的概念,用来反映类内事物的区别。假设 x_0 为实数域上任意一点,$X_0 = \langle a, b \rangle$ 为实数域上任意一区间,则点 x_0 与区间 $X_0 = \langle a, b \rangle$ 的距 $\rho(x_0, X_0)$ 为

$$\rho(x_0, X_0) = \left| x_0 - \frac{a+b}{2} \right| - \frac{b-a}{2} = \begin{cases} a - x_0 \left(x_0 \leqslant \dfrac{a+b}{2} \right) \\ x_0 - b \left(x_0 \geqslant \dfrac{a+b}{2} \right) \end{cases}$$

在实际问题中,除了要考虑点与区间的位置关系,还需考虑一个点与两个区之间或者两个区间之间的位置关系。这就引出了位值的概念。

设 $X_0 = \langle a, b \rangle, X_1 = \langle c, d \rangle$,且 $X_0 \subset X_1$,则点 x_0 关于区间 X_0 和 X_1 的位值为

$$D(x, X_0, X_1) = \begin{cases} \rho(x, X_1) - \rho(x, X_0) & (x \notin X_0) \\ -1 & (x \in X_0) \end{cases}$$

$D(x, X_0, X_1)$ 描述了点 x_0 与 X_0 和 X_1 组成的区间套的位置关系。

关联函数可定义为

$$K(x) = \frac{\rho(x, X_0)}{D(x, X_0, X_1)}$$

式中: $\rho(x, X_0)$ 为点 x 与区间 $X_0 = \langle a, b \rangle$ 的距; $D(x, X_0, X_1)$ 为 x 关于区间 X_0 和 X_1 组成的区间套位置关系;当 X_0 和 X_1 的区间相同时, $K(x)$ 在 $(0,1)$ 之间取值,这时的关联度表示 x 与标准取值区间 X_0 的关联程度。

(5.2) 雷达装备保障性可拓评估模型

可拓评估是在可拓学的物元模型、可拓集合和关联函数理论基础之上建立起来的多指标非线性综合评估方法[91]。

由于影响雷达装备保障性的因素多,导致其评估指标体系较为庞大,既有定性指标又有定量指标,且指标的量纲各异,增加了对其进行准确评估的难度。可拓评估的优点是能够以多种因素和角度来考虑问题,避免了评估时对指标类型、数量及量纲的要求,能够对存在定性指标、定量指标以及定性与定量指标相结合的情况进行综合评价。可拓评估同时具备方法便捷、计算量小和推理严谨的优点[92]。

本章将可拓理论运用到雷达装备保障性评估中,构建雷达装备保障性可拓评估模型,可得出较为准确的保障性等级。

5.2.1 经典域和节域的确定

设雷达装备保障性评估指标有 n 个,即 $c_1, c_2, \cdots, c_n$,将保障性分为 m 个等级, N_j 表示雷达装备保障性的第 j 个评估等级,其中 $j = 1, 2, \cdots, m; c_i$ 为 N_j 的评估指标,其中 $i = 1, 2, \cdots, n; v_{ji}$ 为评估等级 N_j 关于评估指标 c_i 的取值范围 $\langle a_{ji}, b_{ji} \rangle; \boldsymbol{R}_j$ 为雷达装备保障性属于第 j 个等级的物元模型。经典域定义为当评估等级 N 的特征 C 发生时,特征 C 所规定的量值范围[93],即各种保障性等级关于所

对应评估指标所取的数值范围。则评估模型的物元经典域 $\boldsymbol{R}_j$ 为

$$\boldsymbol{R}_j = (N_j, C_i, V_{ji}) = \begin{bmatrix} N_j & c_1 & v_{j1} \\ & c_2 & v_{j2} \\ & \vdots & \vdots \\ & c_n & v_{jn} \end{bmatrix} = \begin{bmatrix} N_j & c_1 & \langle a_{j1}, b_{j1} \rangle \\ & c_2 & \langle a_{j2}, b_{j2} \rangle \\ & \vdots & \vdots \\ & c_n & \langle a_{jn}, b_{jn} \rangle \end{bmatrix} \quad (5.1)$$

节域是指所有经典域的集合。评估模型的节域 $\boldsymbol{R}_p$ 为

$$\boldsymbol{R}_p = (N_p, C_i, V_{pi}) = \begin{bmatrix} N_p & c_1 & v_{p1} \\ & c_2 & v_{p2} \\ & \vdots & \vdots \\ & c_n & v_{pn} \end{bmatrix} = \begin{bmatrix} N_p & c_1 & \langle a_{p1}, b_{p1} \rangle \\ & c_2 & \langle a_{p2}, b_{p2} \rangle \\ & \vdots & \vdots \\ & c_n & \langle a_{pn}, b_{pn} \rangle \end{bmatrix} \quad (5.2)$$

式中：N_p 为雷达装备保障性评估等级的全体，即 $N_p = \{1, 2, \cdots, m\}$；$v_{pi}$ 为全体评估等级 N_p 关于各评估指标 c_i 量值的整体范围，即 N_p 的节域 $\langle a_{pi}, b_{pi} \rangle$。

5.2.2 待评物元的确定

将待评估的雷达装备的结果用物元 $\boldsymbol{R}_0$ 表示，称为雷达装备保障性的待评物元。

$$\boldsymbol{R}_0 = (N_0, C_i, V_i) = \begin{bmatrix} N_0 & c_1 & v_1 \\ & c_2 & v_2 \\ & \vdots & \vdots \\ & c_n & v_n \end{bmatrix} \quad (5.3)$$

式中：N_0 为待评雷达装备的保障性等级，$N_0 \in \{1, 2, \cdots, m\}$；$V_i$ 为待评雷达装备各评估指标 c_i 的数值，其通过咨询若干名专家后，对各专家给出的评分取均值后，经过归一化处理得到。

5.2.3 等级关联度的确定

1. 确定雷达装备保障性关于各等级的关联度函数

第 i 个指标数值域属于第 j 个等级的关联度函数为

$$K_j(v_i) = \begin{cases} \dfrac{\rho(v_i, v_{ji})}{\rho(v_i, v_{pi}) - \rho(v_i, v_{ji})} & (v_i \in v_{ji}) \\[3mm] -\dfrac{\rho(v_i, v_{ji})}{|v_{ji}|} & (v_i \notin v_{ji}) \end{cases} \quad (5.4)$$

式中：

$$
\begin{cases}
\rho\left(v_i, v_{ji}\right) = \left| v_i - \dfrac{a_{ji} + b_{ji}}{2} \right| - \dfrac{1}{2}\left(b_{ji} - a_{ji}\right) \\[3mm]
\rho\left(v_i, v_{pi}\right) = \left| v_i - \dfrac{a_{pi} + b_{pi}}{2} \right| - \dfrac{1}{2}\left(b_{pi} - a_{pi}\right)
\end{cases} \tag{5.5}
$$

分别称为 v_i 与 v_{ji} 和 v_i 与 v_{pi} 的距。

2. 计算关联度

可拓关联度为关联函数与其对应权系数乘积之和：

$$
K_j\left(N_0\right) = \sum_{i=1}^{n} w_{ij} K_j\left(v_i\right) \tag{5.6}
$$

式中：$K_j\left(N_0\right)$ 为雷达装备保障性关于 j 等级的关联度；w_{ij} 为关联函数对应的评估指标权重。

5.2.4 评估等级的确定

雷达装备保障性关于评估等级 j 的关联度 $K_j\left(N_0\right)$ 越大说明符合程度越高。若存在：

$$
K_j(N) = \max\left\{ K_j\left(N_0\right), j = 1, 2, \cdots, m \right\} \tag{5.7}
$$

则表明雷达装备保障性评估等级为第 j 个等级，并且 $K_j\left(N_0\right)$ 的数值大小及相互关系可以定量反映雷达装备保障性属于等级 j 的程度。

(5.3) 雷达装备保障性可拓评估模型的应用

以某型雷达装备为例，对其保障性进行评估。设雷达装备保障性评估等级划分为 I ~ V 共 5 个等级，即 $m = 5$，各等级的评分标准为：I 级为优秀 $\langle 0.8, 1 \rangle$，II 级为良好 $\langle 0.6, 0.8 \rangle$，III 级为一般 $\langle 0.4, 0.6 \rangle$，IV 级为较差 $\langle 0.2, 0.4 \rangle$，V 级为极差 $\langle 0, 0.2 \rangle$。根据图 3.6 构建的雷达装备保障性评估指标体系和 4.4 节中基于改进 AHM–RS 的雷达装备保障性评估指标综合赋权方法计算的各指标权重，运用可拓学评估模型，进行如下计算分析。

5.3.1 确定雷达装备保障性评估的经典域和节域

由评分标准可以确定雷达装备保障性可拓评估模型的经典域和节域。

经典域：

$$R_1 = (\text{I}, C_i, V_{1i}) = \begin{bmatrix} \text{I} & \text{战备完好性}\,c_1 & \langle 0.8,1 \rangle \\ & \text{使用可用度}\,c_2 & \langle 0.8,1 \rangle \\ & \vdots & \vdots \\ & \text{技术资料}\,c_{13} & \langle 0.8,1 \rangle \end{bmatrix}$$

$$R_2 = (\text{II}, C_i, V_{2i}) = \begin{bmatrix} \text{II} & \text{战备完好性}\,c_1 & \langle 0.6,0.8 \rangle \\ & \text{使用可用度}\,c_2 & \langle 0.6,0.8 \rangle \\ & \vdots & \vdots \\ & \text{技术资料}\,c_{13} & \langle 0.6,0.8 \rangle \end{bmatrix}$$

$$R_3 = (\text{III}, C_i, V_{3i}) = \begin{bmatrix} \text{III} & \text{战备完好性}\,c_1 & \langle 0.4,0.6 \rangle \\ & \text{使用可用度}\,c_2 & \langle 0.4,0.6 \rangle \\ & \vdots & \vdots \\ & \text{技术资料}\,c_{13} & \langle 0.4,0.6 \rangle \end{bmatrix}$$

$$R_4 = (\text{IV}, C_i, V_{4i}) = \begin{bmatrix} \text{IV} & \text{战备完好性}\,c_1 & \langle 0.2,0.4 \rangle \\ & \text{使用可用度}\,c_2 & \langle 0.2,0.4 \rangle \\ & \vdots & \vdots \\ & \text{技术资料}\,c_{13} & \langle 0.2,0.4 \rangle \end{bmatrix}$$

$$R_5 = (\text{V}, C_i, V_{5i}) = \begin{bmatrix} \text{V} & \text{战备完好性}\,c_1 & \langle 0,0.2 \rangle \\ & \text{使用可用度}\,c_2 & \langle 0,0.2 \rangle \\ & \vdots & \vdots \\ & \text{技术资料}\,c_{13} & \langle 0,0.2 \rangle \end{bmatrix}$$

节域:

$$R_p = (N_p, C_i, V_{pi}) = \begin{bmatrix} \text{I} \sim \text{V} & \text{战备完好性}\,c_1 & \langle 0,1 \rangle \\ & \text{使用可用度}\,c_2 & \langle 0,1 \rangle \\ & \vdots & \vdots \\ & \text{技术资料}\,c_{13} & \langle 0,1 \rangle \end{bmatrix}$$

5.3.2 确定雷达装备保障性评估的物元矩阵

邀请雷达装备生产厂家、研制单位、雷达使用单位等专家7人按照评估标准对各二级评估指标体系进行打分,打分结果如表5.1所示。

表 5.1 评估指标打分结果

专家序号	B_1				B_2					B_3			
	C_{11}	C_{12}	C_{13}	C_{14}	C_{21}	C_{22}	C_{23}	C_{24}	C_{25}	C_{31}	C_{32}	C_{33}	C_{34}
1	0.90	0.85	0.80	0.60	0.79	0.65	0.55	0.83	0.80	0.75	0.70	0.60	0.75
2	0.80	0.85	0.70	0.52	0.80	0.70	0.60	0.85	0.78	0.72	0.76	0.55	0.76
3	0.85	0.84	0.75	0.50	0.85	0.60	0.60	0.80	0.75	0.70	0.80	0.53	0.76
4	0.70	0.80	0.85	0.55	0.70	0.65	0.50	0.90	0.85	0.75	0.75	0.50	0.80
5	0.90	0.85	0.70	0.45	0.80	0.60	0.50	0.83	0.78	0.72	0.76	0.50	0.75
6	0.90	0.84	0.75	0.50	0.80	0.65	0.50	0.80	0.70	0.70	0.80	0.53	0.70
7	0.90	0.85	0.70	0.52	0.79	0.70	0.55	0.80	0.80	0.70	0.80	0.50	0.80

经过实地调研和咨询 7 名专家后,对各专家给出的某型雷达装备保障性 13 个评估指标的得分取均值后,经过归一化处理得到各指标的数值,则该型雷达装备保障性的物元矩阵如下:

$$R_0 = (N_0, C_i, V_i) = \begin{bmatrix} N_0 & 战备完好性\ c_1 & 0.85 \\ & 使用可用度\ c_2 & 0.84 \\ & 任务持续能力\ c_3 & 0.75 \\ & 寿命周期费用\ c_4 & 0.52 \\ & 可靠性\ c_5 & 0.79 \\ & 维修性\ c_6 & 0.65 \\ & 测试性\ c_7 & 0.55 \\ & 安全性\ c_8 & 0.83 \\ & 电磁兼容性\ c_9 & 0.78 \\ & 保障人员\ c_{10} & 0.72 \\ & 保障备件\ c_{11} & 0.76 \\ & 保障设备\ c_{12} & 0.53 \\ & 技术资料\ c_{13} & 0.76 \end{bmatrix}$$

5.3.3 确定雷达装备保障性评估等级

根据式(5.4)、式(5.5)可得出雷达装备保障性评估指标关于各等级的关联度,再结合4.4节中各指标综合权重值,一起代入式(5.6)得出待评雷达装备保障性 N_0 关于各等级的关联度,如表5.2所示。

表 5.2　各指标关联度

	$K_1(v_i)$	$K_2(v_i)$	$K_3(v_i)$	$K_4(v_i)$	$K_5(v_i)$
战备完好性 C_1	0.5000	−0.2500	−1.2500	−2.2500	−3.2500
使用可用度 C_2	0.3333	−0.2000	−1.2000	−2.2000	−3.2000
任务持续能力 C_3	−0.2500	0.2500	−0.7500	−1.7500	−2.7500
寿命周期费用 C_4	−1.4000	−0.4000	0.2000	−0.6000	−1.6000
可靠性 C_5	−0.0500	0.0500	−0.9500	−1.9500	−2.9500
维修性 C_6	−0.7500	0.1667	−0.2500	−1.2500	−2.2500
测试性 C_7	−1.2500	−0.2500	0.1250	−0.7500	−1.7500
安全性 C_8	0.2143	−0.1500	−1.1500	−2.1500	−3.1500
电磁兼容性 C_9	−0.1000	0.1000	−0.9000	−1.9000	−2.9000
保障人员 C_{10}	−0.4000	0.4000	−0.6000	−1.6000	−2.6000
保障备件 C_{11}	−0.2000	0.2000	−0.8000	−1.8000	−2.8000
保障设备 C_{12}	−1.3500	−0.3500	0.1750	−0.6500	−1.6500
技术资料 C_{13}	−0.2000	0.2000	−0.8000	−1.8000	−2.8000
$K_j(N_0)$	−0.3317	0.0039	−0.6640	−1.6322	−2.6322

根据式(5.7)可知：$K_2(N) = 0.0039$，这表明该型雷达装备保障性评估等级为Ⅱ级，即良好。

5.4　本章小结

本章研究的主要内容是在 3.4 节约简后的雷达装备保障性评估指标体系和 4.4 节基于改进 AHM-RS 的雷达装备保障性评估指标综合赋权方法的基础上，将可拓学理论与雷达装备保障性评估相结合，建立了雷达装备保障性可拓评估模型。详细介绍了可拓评估模型的评估步骤，并根据专家的打分结果作为数据代入评估模型进行计算，最终得到关联度最大的等级即为雷达装备保障性等级。该方法计算简便、通俗易懂，为雷达装备保障性评估提出了一种新的思路。

第6章
雷达装备保障性云评估模型与应用

本章在3.4节建立的约简后的雷达装备保障性评估指标体系和4.4节提出的基于改进 AHM-RS 的雷达装备保障性评估指标赋权方法的基础上,设计了雷达装备保障性云评估模型。运用云理论将评估指标集转换为评估云模型,将专家打分的结果通过逆向云发生器生成云模型的数字特征,利用正向云发生器生成雷达装备保障性综合评估云滴图,根据最顶层云滴的最大隶属度和云滴图直观地反映雷达装备保障性的等级。

6.1 云评估理论

目前,综合评估方法中无论是集对分析法、模糊评价法还是灰色关联理论等,这些方法都是将评估指标的模糊性和随机性分开考虑,或利用模糊集合方法量化模糊性,亦或使用概率的方法量化随机性,未对模糊性和随机性这两种不确定性进行综合考虑。

在20世纪90年代,李德毅院士首次提出了定量与定性之间相互转换模型的概念,云模型便由此诞生了。云模型是在概率论和模糊数学理论的基础上,利用相关的算法,研究了定量描述与定性概念转换过程中的模糊性和随机性的关联,并建立转换模型[94]。它无需利用直接的隶属函数,也不利用简单的概率密度函数,而是用云滴来表示。云滴像"云"一样无边无界,可以自由收缩,能形成一对多的映射图像。云滴可以表示不确定性的问题,可以利用云滴的形式将雷达装备保障性的评估等级直观地反映出来,为研究雷达装备保障性评估提供一种有效的方法。

1. 云模型

云模型[95]是云理论的基础,它是一种在定性语言值和定量数域间的转换模型,可较好地描述语言模糊性和随机性之间的关联。云模型避免了概率论、粗糙集以及模糊集的短板,实现了精确数值和特征概念的转换,给不确定性问题提供了一种新的解决思路。

设一个用精确数值表示的论域 U,C 为 U 对应的定性概念。对于论域 U 中的任一元素 x,都存在定性概念 C 的一次随机实现,x 对 C 的确定度 $\mu(x) \in [0,1]$ 是一个有稳定倾向的随机数,确定度 $\mu(x)$ 在论域 U 上的分布称为云,记为 $C(x)$。每一个 x 为一个云滴。

云模型由云滴构成,云滴是定性概念的一种定量描述,其产生过程是定性概念到定量数值的不确定性映射,各云滴本身是一个随机数值,且其隶属度反映了模糊性,云滴数量越多,越能反映该定性概念的整体特征。

从其定义来看,论域 U 中的某一元素 x 与定性概念 C 之间并非模糊理论中的一一对应的关系,而是一对多的映射关系。用云滴这种不确定形式来表示定性概念,因每个云滴是随机产生的,所以其表示的定性概念是模糊的。但每个云滴必定属于一个特定的定性概念,当数量庞大的云滴聚集在一起就能体现云的模糊性和随机性。

2. 云的数字特征

云模型用 3 个数字特征(期望 Ex、熵 En、超熵 He)来确定,记为 $C(\text{Ex}, \text{En}, \text{He})$。

期望 Ex 反映在数域中表示该定性概念的中心值,即云的重心位置;熵 En 反映不确定性的强弱程度,即定性概念的模糊程度;超熵 He 反映每个数值隶属该定性概念程度的凝聚性,其大小间接反映了云的厚度。

3. 云发生器

云模型通过正向云或逆向云发生器生成算法。正向云发生器根据已知的数字特征 $C(\text{Ex}, \text{En}, \text{He})$ 产生满足正态云分布规律的云滴,如图 6.1 所示。生成的若干个云滴构成整个云,从而将定性概念定量地表示出来,反映了定性到定量的映射关系。正态云可通过下列算法生成对应的云模型。

Step 1 将 En 和 Ex 分别作为方差和期望,产生随机数列 X。

Step 2 将 En 和 He 分别作为期望和标准差,产生正态随机数列 En'。

Step 3 $u = \exp\left[-(x - \text{Ex})^2/2(\text{En}')^2\right]$。

Step 4 组合 (x, μ)。

Step 5 重复 Step 1 ~ Step 4,直至达到所需数量的云滴。

该算法适用于一维、二维和多维的论域空间。

逆向云发生器则功能相反,通过给定的一组符合某一正态云分布规律的云滴为样本,生成所对应的数字特征,它反映的是定量到定性的转换,如图 6.2 所示。

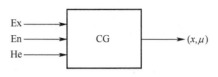

图 6.1　正向云发生器

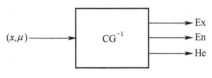

图 6.2　逆向云发生器

对于不需要确定度的逆向云发生器,可通过以下算法得到。

in:样本云滴 $x_i, i = 1,2,\cdots,n$;

out:产生逆向云的 3 个数字特征值。

Step 1 计算样本云滴 x_i 的均值 $\overline{X} = \dfrac{1}{n}\sum_{i=1}^{n} x_i$ 、方差 $S^2 = \dfrac{1}{n-1}\sum_{i=1}^{n}(x_i - \overline{X})^2$

和一阶样本绝对中心距 $\dfrac{1}{n}\sum_{i=1}^{n}|x_i - \overline{X}|$ 。

Step 2 $\mathrm{Ex} = \overline{X}$ 。

Step 3 $\mathrm{En} = \sqrt{\dfrac{\pi}{2}} \times \dfrac{1}{n}\sum_{i=1}^{n}|x_i - \mathrm{Ex}|$ 。

Step 4 $\mathrm{He} = \sqrt{S^2 - \mathrm{En}^2}$ 。

逆向云算法的实质是数据统计的过程,其得到的结果不能保证百分之百的精确,只是估测值。且云滴数量越少,估测的误差越大,云滴数量越多,估测的误差越小。

4. 云的 3En 规则

云模型的 3En 规则是指绝大多数的事件都会出现在 [Ex − 3En,Ex + 3En] 这个区间范围内,这些事件起决定性作用,要重点关注。在区间 [Ex − 3En,Ex + 3En] 之外的事件都是小概率事件,可以忽略不计。

5. 云评估模型的特点

云评估模型是利用数理统计的方法在定性概念与定量概念之间进行转换,将难以解决的复杂问题和不确定性问题进行简单化和数字化。同时云评估模型能够综合地考虑事件的不确定性和随机性,降低评估时的主观随意性。其特点

103

如下：

（1）摒弃传统的以精确曲线作为实践的隶属函数，同时采用数学统计方法，构建定性与定量的转换关系。

（2）通过云模型来进行评估，可以充分反映评估者判断的随机性和模糊性，降低了人的主观因素，增加评估结果的客观性。

（3）云模型是由数量庞大的云滴分布的模型通过云评估模型得到的评估结果，可以通过云的期望反映评估中心位置，也可以通过熵和超熵反映评估结果的随机性和离散性，使评估结果更加准确可靠。

云评估是 20 世纪末 21 世纪初期新发展起来的评估方法，描述了定性与定量之间的不确定性转换，充分考虑了评估工作中可能出现的随机因素和不确定性因素的影响，同时可以反映出各因素对评估结果的影响大小，较完善地融合了主客观信息，得出较为直接的语言性评估结果，具有科学性和直观性。

6.2 雷达装备保障性云评估模型

6.2.1 用云模型描述评估集

设雷达装备保障性等级评语分为优秀、良好、一般、较差、极差 5 个等级，则评估集为 $V = \{v_1, v_2, v_3, v_4, v_5\}$。因其为定性概念，所以可采用一维正态云来描述每个评语。对存在双边约束的评语 $[\lambda_{min}, \lambda_{max}]$，如良好、一般、较差，可把期望作为约束条件的中值，用双边约束区域的云来近似该评语。云的数字特征用下式计算：

$$
\begin{cases}
Ex = (\lambda_{min} + \lambda_{max})/2 \\
En = (\lambda_{max} - \lambda_{min})/6 \\
He = k
\end{cases}
\tag{6.1}
$$

式中：k 为常数，可根据评语的模糊程度具体确定。

对极差、优秀这类只有单边约束 λ_{max} 或 λ_{min} 的评语，可先确定其缺省的期望值或边界参数，再按照式（6.1）计算数字特征。

6.2.2 用云模型表示各评估指标

根据图 3.6 中的雷达装备保障性评估指标体系，通过 l 位专家对 q 项二级指标进行评价，得到矩阵 $S = (s_{tp})_{l \times q}$，其中 s_{tp} 表示第 $t(t = 1, 2, \cdots, l)$ 位专家对第 $p(p = 1, 2, \cdots, q)$ 项二级指标的打分。第 p 项指标的云模型为

$$
\begin{cases}
\mathrm{Ex}_p = \dfrac{1}{l}\sum_{t=1}^{l} s_{tp} \\[2mm]
\mathrm{En}_p = \left(\dfrac{\pi}{2}\right)^{1/2} \dfrac{1}{l}\sum_{t=1}^{l} |s_{tp} - \mathrm{Ex}_p| \\[2mm]
Sx_p^2 = \dfrac{1}{l-1}\sum_{t=1}^{l}(s_{tp} - \mathrm{Ex}_p)^2 \\[2mm]
\mathrm{He}_p = (Sx_p^2 - \mathrm{En}_p^2)^{1/2}
\end{cases}
\tag{6.2}
$$

式中：$Sx_p^2 = \dfrac{1}{l-1}\sum_{t=1}^{l}(S_{tp} - \mathrm{Ex}_p)^2$。由式(6.2)得到二级指标的数字特征后,再计算一级指标的云模型。假设某一级指标包括 n_k 个下级指标,则一级指标的云模型为

$$
\begin{cases}
\mathrm{Ex}' = \sum_{p=1}^{n_k}(\mathrm{Ex}_p\mathrm{En}_p w_p) \big/ \sum_{p=1}^{n_k}(\mathrm{En}_p w_p) \\[2mm]
\mathrm{En}' = \sum_{p=1}^{n_k}(\mathrm{En}_p w_p) \\[2mm]
\mathrm{He}' = \sum_{p=1}^{n_k}(\mathrm{He}_p\mathrm{En}_p w_p) \big/ \sum_{p=1}^{n_k}(\mathrm{En}_p w_p)
\end{cases}
\tag{6.3}
$$

式中：w_p 为第 p 个指标的权重值。

6.2.3　用云模型计算评估结果

利用正向云发生器,计算最顶层云滴 x_A 的隶属度：

$$
\xi_r = \exp[-(x_A - \mathrm{Ex}_r)^2/(2\mathrm{En}_r^2)] \quad (r=1,2,\cdots,5)
\tag{6.4}
$$

根据最大隶属度原则,综合评估结果就是相似度最大 ξ_r 对应的评估云的区间。

6.3　雷达装备保障性云评估模型的应用

以某型雷达装备为例,利用云评估模型对其保障性进行评估。设雷达装备保障性评估等级划分为 I～V 共 5 个等级,各等级的评分标准为：I 级为优秀(0.8,1], II 级为良好(0.6,0.8], III 级为一般(0.4,0.6], IV 级为较差(0.2,

0.4],Ⅴ级为极差[0,0.2]。根据 3.4 节建立的约简后的雷达装备保障性评估指标体系和 4.4 节提出的基于改进 AHM-RS 的雷达装备保障性评估指标赋权方法,运用云评估模型,进行如下计算分析。

根据雷达装备保障性评估等级标准和式(6.1)可得出雷达装备保障性标准评语云模型的数字特征 $C(Ex,En,He)$,如表 6.1 所示。

表 6.1　标准评语云模型数字特征

标准评语	云模型数字特征
优秀	$(0.9,0.0333,0.013)$
良好	$(0.7,0.0333,0.008)$
一般	$(0.5,0.0333,0.005)$
较差	$(0.3,0.0333,0.008)$
极差	$(0.1,0.0333,0.013)$

邀请雷达装备生产厂家、研制单位、雷达使用单位等专家 7 人按照评估标准对各二级评估指标体系进行打分,打分结果见表 5.1。

根据式(6.2)计算各指标对应云模型的数字特征,其结果如表 6.2 所示。

表 6.2　评估指标云模型数字特征

指标	云模型数字特征(Ex,En,He)
C_{11}	$(0.85,0.0716,0.0265)$
C_{12}	$(0.84,0.0143,0.0113)$
C_{13}	$(0.75,0.0537,0.0212)$
C_{14}	$(0.52,0.0394,0.0248)$
C_{21}	$(0.79,0.0322,0.0310)$
C_{22}	$(0.65,0.0358,0.0196)$
C_{23}	$(0.55,0.0358,0.0196)$
C_{24}	$(0.83,0.0322,0.0172)$
C_{25}	$(0.78,0.0394,0.0248)$
C_{31}	$(0.72,0.0215,0.0062)$
C_{32}	$(0.76,0.0286,0.0186)$
C_{33}	$(0.53,0.0322,0.0172)$
C_{34}	$(0.76,0.0286,0.0186)$

根据 4.4 节中改进 AHM - RS 组合赋权法得到的各级指标权重值和式(6.3),可得该型雷达装备保障性综合评估云模型的数字特征为(0.7303, 0.0352,0.0209)。将生成的综合评估云与标准评语云进行比较,雷达装备保障性综合评估云滴图[96]如图 6.3 所示。

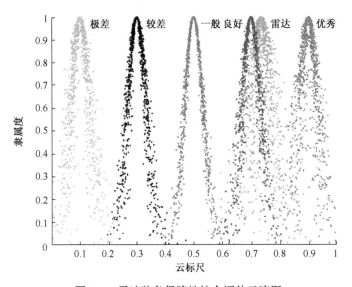

图 6.3　雷达装备保障性综合评估云滴图

从图 6.3 可看出,雷达装备保障性综合评估云滴绝大部分处于"良好"位置,其余部分处于"优秀"位置。根据式(6.4)得出评语隶属度:$\xi_1 = 1.60 \times 10^{-78}$,$\xi_2 = 5.52 \times 10^{-37}$,$\xi_3 = 4.11 \times 10^{-11}$,$\xi_4 = 0.6610$,$\xi_5 = 2.29 \times 10^{-6}$。根据最大隶属度原则,可得雷达装备保障性评估结果为"良好",与云滴图结论一致。

6.4　本 章 小 结

本章研究的主要内容是在 3.4 节约简后的雷达装备保障性评估指标体系和 4.4 节基于改进 AHM-RS 的雷达装备保障性评估指标综合赋权方法的基础上,利用云评估理论,将雷达装备保障性评估的评语标准转换成云模型数字特征,更好地表达了评估过程中的随机性与模糊性,评估过程更加科学。实例分析表明,利用云理论构建的雷达装备保障性云评估方法是可行的,为生产研制单位和使用单位有针对性地对雷达装备保障性进行评估提供了方法。

第7章
雷达装备保障性灰色评估模型与应用

本章在 3.4 节约简后的雷达装备保障性评估指标体系和 4.4 节基于改进 AHM-RS 的雷达装备保障性评估指标综合赋权方法的基础上,引入灰色理论,结合雷达装备保障性评估实际,建立了适用于雷达装备保障性的灰色评估模型,通过专家打分值和评分等级标准确定灰度和白化权函数,利用灰色评估模型得出雷达装备的保障性等级。通过实例验证了该方法的准确性,从而为雷达装备保障性评估提供了一种新的思路。

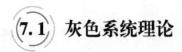 **灰色系统理论**

在控制论中,用颜色的深浅来区分信息的明确程度。"黑"代表信息完全未知,"白"代表信息全部明确,而介于中间的部分信息明确,部分未知的情况则用"灰"来表示。灰色系统是信息不完全明了的贫信息系统,用常规的数学统计方法无法进行处理。

在 1982 年,我国学者邓聚龙教授提出了一种用于研究贫信息系统的理论,即灰色系统理论。它适用于研究部分信息已知,部分未知的不确定性系统,可通过对已知信息的开发利用,来确定未知的系统信息,使系统由"灰"转"白"。

灰色系统理论的主要研究内容包含了灰色因素关联分析、灰色预测、灰色建模、灰色决策、灰色评价以及灰色系统的分析、控制与优化等。

灰数是灰色系统的基本组成单元,我们把只知道大概范围但不知道切确值的数定义为灰数。所以灰数并不是一个数,而是在一定范围内变化的所有确切数值的全体。灰数用"$\otimes$"表示。灰数主要分为以下几类:

(1) 仅有下界的灰数。有下界而无上界的灰数,记为 $\otimes \in [\underline{a}, \infty)$ 或 $\otimes(\underline{a})$,其中 $\underline{a}$ 是一个确定的数,为灰数 $\otimes$ 的下确界。通常把 $[\underline{a}, \infty)$ 称为灰数

⊗ 的取数域,即值域,简称为灰域。

（2）仅有上界的灰数。有上界而无下界的灰数,记为 $\otimes \in (-\infty, \bar{a}]$ 或 $\otimes$ $(\bar{a})$,其中 $\bar{a}$ 是一个确定的数,为灰数 $\otimes$ 的上确界。

（3）区间灰数。既有下界又有上界的灰数,记为 $\otimes \in [\underline{a}, \bar{a}]$ 。

（4）连续灰数与离散灰数。取值能够连续地取满某一区间的灰数是连续灰数,取值在某一区间上是可数个或有限个时称为离散灰数。

（5）黑数与白数。上下界均为无穷时的灰数,即 $\otimes \in (-\infty, +\infty)$ 时称 $\otimes$ 为黑数,上下界均为确定的数,且上下界相等时,即 $\otimes \in [\underline{a}, \bar{a}]$ 且 $\underline{a} = \bar{a}$ 时称 $\otimes$ 为白数。

（6）本征灰数。永远不能或暂时不能找到一个确定的数作为灰数"代表"的数。

（7）非本征灰数。依靠先验信息或间接手段可以找到一个确定的数作为其代表的灰数。该确定的数称为相应灰数的白化值,记为 $\tilde{\otimes}$,并用 $\otimes(a)$ 表示以 a 为白化值的灰数。

因灰数是一个区间数,不是一个确定的数,因此在处理关于灰数的问题时会有较大的困难。为了对数据进行量化处理,就要对灰数进行白化。灰数的白化就是将取不确定值的灰数按照白化权函数取某一确定的值。白化权函数有点像模糊函数中的隶属度函数,又像概率分布曲线,但白化权函数的成因、作用和意义与隶属度函数和概率分布曲线均不相同。

典型的白化权函数定义为起点、终点确定的左升右降连续函数,如图 7.1 所示。

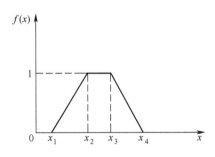

图 7.1　典型白化权函数

此时典型的白化权函数可表示为

$$f(x) = \begin{cases} \dfrac{x - x_1}{x_2 - x_1}(x \in [x_1, x_2]) \\ \qquad 1(x \in [x_2, x_3]) \\ \dfrac{x_4 - x}{x_4 - x_3}(x \in (x_3, x_4]) \end{cases}$$

由于影响雷达装备保障性的因素多,且部分因素不完全清楚,因素间的关系不完全明确,导致其信息的不完全性、不确定性。灰色系统理论着重研究"小数据""贫信息"、不确定性系统,运用灰色系统方法和模型技术,通过对"部分"已知信息的生成,开发、挖掘蕴含在系统观测数据中的重要信息,实现对现实世界的正确描述和认识[97]。灰色评估对样本量的大小没有特殊的要求,也不需服从典型的概率分布,计算简单便捷,是处理不确定性问题的有效方法。因此,构建雷达装备保障性灰色评估模型,用灰色评估法对雷达装备保障性进行评估具有一定的可行性。

在雷达装备保障性灰色评估模型中,雷达装备的保障性等级和灰数均为一个区间,可将保障性等级和灰类一一对应起来,形成映射关系。将专家打分的数据通过灰色统计理论进行量化,得到评估样本矩阵,通过计算灰色评估系数、评估权矩阵得到评估结果,基本思路如图 7.2 所示。

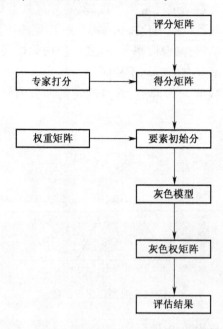

图 7.2　雷达装备保障性灰色评估建模基本思路

7.2 雷达装备保障性灰色评估模型

7.2.1 评估指标样本矩阵的确定

根据评分等级标准,雷达装备保障性评估等级划分为 Ⅰ ~ Ⅴ 共 5 个等级,各等级的评分标准为:Ⅰ 级为优秀$(0.8,1]$,Ⅱ 级为良好$(0.6,0.8]$,Ⅲ 级为一般$(0.4,0.6]$,Ⅳ 级为较差$(0.2,0.4]$,Ⅴ 级为极差$[0,0.2]$。

假设雷达装备保障性评估指标体系中对评估指标 C_{ij} 有 p 位专家参与评估,第 $s(s = 1,2,\cdots,p)$ 位专家按照评分等级标准对指标给出的评分值为 d_{ij}^s,则指标的评估样本矩阵为

$$\boldsymbol{D} = \begin{bmatrix} d_{11}^1 & d_{11}^2 & \cdots & d_{11}^p \\ d_{12}^1 & d_{12}^2 & \cdots & d_{12}^p \\ \vdots & \vdots & & \vdots \\ d_{ij}^1 & d_{ij}^2 & \cdots & d_{ij}^p \end{bmatrix} \tag{7.1}$$

7.2.2 评估灰类的确定

确定评估灰类主要是研究评估灰类的等级数、灰数和白化权函数。根据雷达装备保障性评分等级标准,针对优秀、良好、一般、较差、极差 5 个灰类等级,设定白化权函数如下:

(1) 第一类"优秀"($e = 1$),灰数 $\otimes_1 \in [0.9, +\infty)$,其白化权函数为

$$f_1(d_{ij}^s) = \begin{cases} \dfrac{d_{ij}^s}{0.9} & (d_{ij}^s \in [0,0.9]) \\ 1 & (d_{ij}^s \in [0.9, +\infty)) \\ 0 & (d_{ij}^s \notin [0, +\infty)) \end{cases} \tag{7.2}$$

(2) 第二类"良好"($e = 2$),灰数 $\otimes_2 \in [0,0.7,1.4]$,其白化权函数为

$$f_2(d_{ij}^s) = \begin{cases} \dfrac{d_{ij}^s}{0.7} & (d_{ij}^s \in [0,0.7]) \\ 2 - \dfrac{d_{ij}^s}{0.7} & (d_{ij}^s \in [0.7,1.4]) \\ 0 & (d_{ij}^s \notin [0,1.4]) \end{cases} \tag{7.3}$$

(3) 第三类"一般"($e = 3$),灰数 $\otimes_3 \in [0, 0.5, 1.0]$,其白化权函数为

$$f_3(d_{ij}^s) = \begin{cases} \dfrac{d_{ij}^s}{0.5} & (d_{ij}^s \in [0, 0.5]) \\ 2 - \dfrac{d_{ij}^s}{0.5} & (d_{ij}^s \in [0.5, 1]) \\ 0 & (d_{ij}^s \notin [0, 1]) \end{cases} \tag{7.4}$$

(4) 第四类"较差"($e = 4$),灰数 $\otimes_4 \in [0, 0.3, 0.6]$,其白化权函数为

$$f_4(d_{ij}^s) = \begin{cases} \dfrac{d_{ij}^s}{0.3} & (d_{ij}^s \in [0, 0.3]) \\ 2 - \dfrac{d_{ij}^s}{0.3} & (d_{ij}^s \in [0.3, 0.6]) \\ 0 & (d_{ij}^s \notin [0, 0.6]) \end{cases} \tag{7.5}$$

(5) 第五类"极差"($e = 5$),灰数 $\otimes_5 \in [0, 0.1, 0.2]$,其白化权函数为

$$f_5(d_{ij}^s) = \begin{cases} 1 & (d_{ij}^s \in [0, 0.1]) \\ 2 - \dfrac{d_{ij}^s}{0.1} & (d_{ij}^s \in [0.1, 0.2]) \\ 0 & (d_{ij}^s \notin [0, 0.2]) \end{cases} \tag{7.6}$$

上述五种灰类对应的白化权函数如图 7.3~图 7.7 所示。

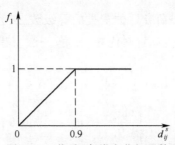

图 7.3 "优秀"灰类白化权函数

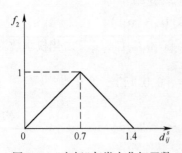

图 7.4 "良好"灰类白化权函数

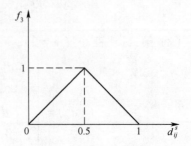

图 7.5 "一般"灰类白化权函数

112

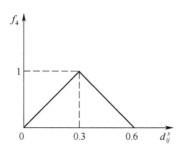

图7.6 "较差"灰类白化权函数

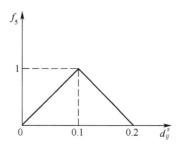

图7.7 "极差"灰类白化权函数

7.2.3 计算灰色评估系数

经过实地调研和咨询专家后,收集专家对某型雷达装备保障性评估指标的打分值。对于雷达装备保障性评估指标 C_{ij} ,第 $e(e = 1,2,\cdots,5)$ 个灰类等级的灰色评估系数记为 x_{ije} ,总灰色评估系数记为 X_{ij} 。

$$x_{ije} = \sum_{s=1}^{p} f_e(d_{ij}^s) \tag{7.7}$$

$$X_{ij} = \sum_{e=1}^{5} x_{ije} \tag{7.8}$$

7.2.4 计算灰色评估权向量和权矩阵

由 x_{ije} 和 X_{ij} 可计算出雷达装备保障性评估指标 C_{ij} 第 e 个灰类等级的灰色评估权为

$$r_{ije} = \frac{x_{ije}}{X_{ij}} \tag{7.9}$$

考虑 $e = 1,2,\cdots,5$,则雷达装备保障性评估指标 C_{ij} 的灰色评估向量为

$$\boldsymbol{r}_{ij}' = [r_{ij1}, r_{ij2}, \cdots, r_{ije}] \tag{7.10}$$

进而可得到灰色评估矩阵为

$$\boldsymbol{R}_i = \begin{bmatrix} \boldsymbol{r}_{i1}' \\ \boldsymbol{r}_{i2}' \\ \vdots \\ \boldsymbol{r}_{ij}' \end{bmatrix} = \begin{bmatrix} r_{i11} & r_{i12} & \cdots & r_{i1e} \\ r_{i21} & r_{i22} & \cdots & r_{i2e} \\ \vdots & \vdots & & \vdots \\ r_{ij1} & r_{ij2} & \cdots & r_{ije} \end{bmatrix}$$

7.2.5 综合评估结果的计算及归一化处理

根据各二级指标 C_{ij} 相对于一级指标 B_i 的权重值 W_{B_i} ,对一级指标 B_i 进行

113

综合评估,评估结果记为

$$F_i = W_{B_i} \cdot R_i \tag{7.11}$$

则各一级指标 B_i 对各评估灰类的灰色评估矩阵为 $J = (F_1, F_2, \cdots, F_i)^T$。

对雷达装备保障性 A 进行综合评估,评估结果记为

$$F = W_A \cdot J \tag{7.12}$$

对综合评估结果 F 进行归一化处理,将各灰类等级按白化值赋值,可得各灰类值化向量 $E = (0.9, 0.7, 0.5, 0.3, 0.1)^T$,则归一化之后的雷达装备保障性综合评估值为

$$Z = F \cdot E \tag{7.13}$$

根据 Z 落入的评分等级标准区间,可得到雷达装备保障性所属的等级。

雷达装备保障性灰色评估模型的应用

7.3.1　计算雷达装备保障性评估灰色矩阵

以某型雷达装备为例,在 3.4 节约简后的雷达装备保障性评估指标体系和 4.4 节基于改进 AHM-RS 的雷达装备保障性评估指标综合赋权方法计算的综合指标权重,运用灰色评估模型,对其保障性进行如下计算分析。

经过实地调研和咨询 7 名专家后,收集各专家给出的某型雷达装备保障性各二级评估指标的得分,如表5.1所示。

根据式(7.2)~式(7.10)得到各一级指标的灰色评估矩阵为

$$R_1 = \begin{bmatrix} 0.4652 & 0.3870 & 0.1478 & 0 & 0 \\ 0.4545 & 0.3896 & 0.1559 & 0 & 0 \\ 0.3684 & 0.4105 & 0.2211 & 0 & 0 \\ 0.2294 & 0.2949 & 0.3698 & 0.1059 & 0 \end{bmatrix}$$

$$R_2 = \begin{bmatrix} 0.4047 & 0.4017 & 0.1936 & 0 & 0 \\ 0.3072 & 0.3950 & 0.2978 & 0 & 0 \\ 0.2481 & 0.3189 & 0.3654 & 0.0677 & 0 \\ 0.4441 & 0.3922 & 0.1637 & 0 & 0 \\ 0.3953 & 0.4040 & 0.2007 & 0 & 0 \end{bmatrix}$$

$$R_3 = \begin{bmatrix} 0.3431 & 0.4167 & 0.2402 & 0 & 0 \\ 0.3772 & 0.4084 & 0.2144 & 0 & 0 \\ 0.2338 & 0.3005 & 0.3731 & 0.0926 & 0 \\ 0.3772 & 0.4084 & 0.2144 & 0 & 0 \end{bmatrix}$$

7.3.2 综合评估雷达装备保障性等级

根据 4.4 节基于改进 AHM-RS 的雷达装备保障性评估指标综合赋权方法中得到的各指标权重和式(7.11)可得出雷达装备保障性一级指标 B_i 的综合评估结果为

$$F_1 = W_{B_1} \cdot R_1 = (0.3836, 0.3693, 0.2205, 0.0266, 0)$$
$$F_2 = W_{B_2} \cdot R_2 = (0.3696, 0.3876, 0.2342, 0.0086, 0)$$
$$F_3 = W_{B_3} \cdot R_3 = (0.3396, 0.3900, 0.2526, 0.0178, 0)$$

根据式(7.12)可得雷达装备保障性 A 的综合评估结果为

$$F = W_A \cdot J = (0.3631, 0.3833, 0.2368, 0.0169, 0)$$

根据式(7.13)可得归一化之后的雷达装备保障性 A 的综合评估结果为

$$Z = F \cdot E = 0.7186$$

根据评分等级标准,综合评估结果 0.7186 落入区间 $(0.6, 0.8]$,因此该型雷达装备的保障性等级为 Ⅱ 级,即"良好"。

(7.4) 本 章 小 结

本章研究的主要内容是在 3.4 节约简后的雷达装备保障性评估指标体系和 4.4 节基于改进 AHM-RS 的雷达装备保障性评估指标综合赋权方法的基础上,利用灰色理论构建了雷达装备保障性灰色评估模型。阐述了灰色评估方法的步骤,并根据专家的打分数据代入评估模型进行计算,最终通过得出的单一评估值落入标准区间的范围来反映雷达装备保障性等级。该模型解决了雷达装备保障性评估中难以处理的不完全、不确定性问题。实例证明该评估方法简单易懂,计算方便,为雷达装备保障性评估提供了一种新方法。

第8章
改进突变级数法的雷达装备保障性评估模型与应用

本章在3.4节约简后的雷达装备保障性评估指标体系和4.4节基于改进AHM-RS的雷达装备保障性评估指标综合赋权方法的基础上,引入突变理论,并结合雷达装备保障性评估实际,对传统突变级数法的缺陷进行分析,采用综合调整法对初始综合值进行调整,以改进突变级数法中综合评估值整体接近于1的问题,从而更直观地反映评估值的大小与等级。本章设计了基于改进突变级数法的雷达装备保障性评估模型,通过实例表明该方法能科学、有效地评估雷达装备的保障性等级。

(8.1) 突 变 理 论

常用的集对分析法、模糊综合法和灰色关联法,这些方法在评估时都涉及对评估指标进行赋权的问题,且大都采用主观赋权法,具有较大的主观随意性。突变级数评估法以突变理论和模糊数学为基础构造突变模糊隶属函数,通过归一公式来综合量化运算,进而得到总的隶属函数,然后对评估对象进行评估,该方法不用计算评估指标的权重,但利用了各评估指标之间的相对重要程度,降低了主观性的同时也具有科学性,并且具有计算简单方便、准确可靠的特点[98]。

突变理论是法国数学家 Rene Thom 于 20 世纪 60 年代末提出的。在突变理论的势函数中,变量有两类,即状态变量和控制变量。控制变量的个数决定突变类型。突变系统类型共有 7 种,最常见的 5 种为折叠突变、尖点突变、燕尾突变、蝴蝶突变及棚屋突变[99],如表 8.1 所示。表 8.1 中,x 表示状态变量,a,b,c,d,e 表示控制变量。系统势函数的状态变量和控制变量是矛盾的两个方面[100]。

表 8.1 基本突变类型

突变类型	控制变量个数	状态变量个数	势函数
折叠型	1	1	$V(x) = x^3 + ax$
尖点型	2	1	$V(x) = x^4 + ax^2 + bx$
燕尾型	3	1	$V(x) = x^5 + ax^3 + bx^2 + cx$
蝴蝶型	4	1	$V(x) = x^6 + ax^4 + bx^3 + cx^2 + dx$
棚屋型	5	1	$V(x) = x^7 + ax^5 + bx^4 + cx^3 + dx^2 + ex$

　　突变级数法应用范围广泛,但在雷达保障性评估方面尚未有人使用。因此,本书在3.4节约简后的评估指标体系的基础上,运用综合调整法对突变级数法中综合值整体接近于1的问题进行改进,验证改进后的突变级数法在雷达装备保障性评估中的科学性和有效性,为研制方的产品升级和使用方的装备采购提供辅助决策依据。

8.2 突变级数评估模型

8.2.1 确定评估指标体系的突变系统类型

　　根据表8.1中的基本突变类型的特征和图3.6中约简后的雷达装备保障性评估指标体系,判定各指标的突变类型。若一个指标可细分为两个下级指标,则称该系统是尖点型;若一个指标可细分为三个下级指标,则称该系统是燕尾型;若一个指标可细分为四个下级指标,则称该系统是蝴蝶型;若一个指标可细分为五个下级指标,则称该系统是棚屋型,如图8.1所示。图8.1中按照控制变量的重要程度,主要的控制变量在前,次要的控制变量在后。

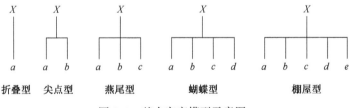

图 8.1 基本突变模型示意图

8.2.2 由分歧方程导出归一公式

　　根据突变理论,突变系统的势函数 $V(x)$ 的所有临界点集合成平衡曲面。

通过对 $V(x)$ 求一阶导数即 $V'(x)=0$ 得到临界点，求二阶导数即 $V''(x)=0$ 得到奇点。将 $V'(x)=0$ 和 $V''(x)=0$ 联立求解，可得突变系统的分歧点集方程。分歧点集方程表明诸控制变量满足此方程时，系统会发生突变。通过分解形式的分歧点集方程导出归一公式，由归一公式将系统内的控制变量不同的质态化为同一质态，即化为状态变量表示的质态[100]。各类突变系统的分歧点集方程及归一公式[101]如表 8.2 所示。在此，归一公式实为一种多维模糊隶属函数，其将突变理论与模糊隶属函数结合起来[102]。

表 8.2　各突变类型的分歧点集方程及归一公式

突变类型	分歧点集方程	归一公式
尖点型	$a=-6x^2,b=8x^3$	$x_a=a^{1/2},x_b=b^{1/3}$
燕尾型	$a=-6x^2,b=8x^3,c=-3x^4$	$x_a=a^{1/2},x_b=b^{1/3},x_c=c^{1/4}$
蝴蝶型	$a=-10x^2,b=20x^3,c=-15x^4,d=4x^5$	$x_a=a^{1/2},x_b=b^{1/3},x_c=c^{1/4},x_d=d^{1/5}$
棚屋型	$a=-x^2,b=2x^3,c=-2x^4,d=4x^5,e=-5x^6$	$x_a=a^{1/2},x_b=b^{1/3},x_c=c^{1/4},x_d=d^{1/5},x_e=e^{1/6}$

8.2.3　控制变量的重要性排序

突变级数法的最大特点在于它不需要确定评估指标的权重值，只需考虑评估指标的相对重要程度。控制变量的重要性由势函数的结构决定，以尖点型突变为例，从其势函数 $V(x)=x^4+ax^2+bx$ 可看出，系数 a 为主要影响因素，b 为次要影响因素，所以 a 的重要性大于 b，即 $a>b$。其他类型的突变系统与此类似。

8.2.4　利用归一公式进行综合评估

利用归一公式对某一指标的下级指标计算出的 x 的值采用"互补"与"非互补"原则[103]，求出突变系统总的隶属函数值。互补原则是当指标体系中位于同一层的下级指标对其共同的上级指标起相互补充作用时，中间变量 x 应取各下级指标突变级数值的平均值。非互补原则是当指标体系中位于同一层的下级指标对其共同的上级指标不起互补作用时，中间变量 x 应取各下级指标突变级数值的最小值。经过逐层计算，得到总的突变隶属函数值。

8.3　突变级数法的缺陷及改进方法

在突变级数法中，因为归一公式具有聚焦的特点，最终的综合评估值均比较接近于1,且评估值之间的差异较小。虽然这种现象在对若干评估对象的比较上不会出现问题,仍然可以根据差异较小且接近于1的综合值进行排序,反映出各评估对象的相对优劣。但对单个对象进行评估时,无论评估结果如何,得出的综合评估值均接近于1,无法根据最初设定的评估标准来反映评估等级。且最差的评估对象得出的综合评估值也很高,不符合人们依据评估值的绝对大小来评价对象优劣的习惯。

针对上述缺陷,有两种解决途径:一是对原评估标准进行调整,得到新的评估标准,依据新标准对初始综合评估值进行评价;二是对初始综合评估值进行调整,得到调整后的评估值,根据原评估标准进行评价。

对评估标准进行调整的步骤为:首先确定雷达装备保障性评估等级标准,如综合评估值在(0.8,1]区间为优秀,(0.6,0.8]为良好,(0.4,0.6]为一般,(0.2,0.4]为较差,[0,0.2]为极差。然后根据图3.6中约简后的雷达装备保障性评估指标体系,分别计算出将底层控制变量全部赋值为{0,0.2,0.4,0.6,0.8,1}时的顶层综合评估值$t_i(i=0,1,\cdots,5)$,并将这六个值作为刻画常规综合评估值(以下简称初始综合值)新的等级刻度,各保障性等级对应的区间为(t_i,t_{i+1})。根据所计算的初始综合值落入的等级区间,判断待评雷达装备的保障性等级。

对初始综合评估值进行调整的步骤为:在计算出待评雷达装备保障性的初始综合值后,设初始综合值为T,调整综合值为T',若$t_i \leqslant T \leqslant t_{i+1}$,则

$$T' = \left[\left(\frac{T - t_i}{t_{i+1} - t_i}\right) + i\right] \times 0.2 \tag{8.1}$$

根据式(8.1)得出调整综合值后,可依据原评估标准反映待评雷达装备的保障性等级。

上述两种途径的原理相同,均能够避免原突变级数法初始综合评估值得分较高,且整体接近于1的问题。

(8.4) 改进突变级数法的雷达装备保障性评估模型的应用

以某型雷达装备为例,对其保障性进行评估。设雷达装备保障性评估等级划分为Ⅰ~Ⅴ共5个等级,各等级的评分标准为:Ⅰ级为优秀(0.8,1],Ⅱ级为良好(0.6,0.8],Ⅲ级为一般(0.4,0.6],Ⅳ级为较差(0.2,0.4],Ⅴ级为极差[0,0.2]。根据图3.6中约简后的雷达装备保障性评估指标体系和基于改进突变级数法的雷达装备保障性评估模型,进行如下计算分析。

8.4.1 确定雷达装备保障性评估各层指标的突变系统类型

根据突变系统分类方法,由图 3.6 和图 8.1 可知,雷达装备保障性评估指标体系中各一、二级指标构成一个燕尾型突变,两个蝴蝶型突变,一个棚屋型突变,具体如下:

燕尾型突变:$A \to (B_1, B_2, B_3)$。

蝴蝶型突变:$B_1 \to (C_{11}, C_{12}, C_{13}, C_{14})$;

$\qquad B_3 \to (C_{31}, C_{32}, C_{33}, C_{34})$。

棚屋型突变:$B_2 \to (C_{21}, C_{22}, C_{23}, C_{24}, C_{25})$。

8.4.2 雷达装备保障性评估指标重要性排序

邀请雷达使用单位高工、装备研制单位保障性方面的设计专家以及装备生产厂商的专家,对各二级评估指标进行打分。专家打分时分别从使用、研制和生产的角度出发,以提高战斗力为基本原则,重点考虑影响战备和作战的因素。经过实地调研和咨询专家后,对收集到的某型雷达装备保障性评估指标的得分取均值,如表 8.3 所示。

表 8.3 评估指标打分结果

专家序号	B_1				B_2					B_3			
	C_{11}	C_{12}	C_{13}	C_{14}	C_{21}	C_{22}	C_{23}	C_{24}	C_{25}	C_{31}	C_{32}	C_{33}	C_{34}
1	0.90	0.85	0.80	0.60	0.79	0.65	0.55	0.83	0.80	0.75	0.70	0.60	0.75
2	0.80	0.85	0.70	0.52	0.80	0.70	0.60	0.85	0.78	0.72	0.76	0.55	0.76
3	0.85	0.84	0.75	0.50	0.85	0.60	0.60	0.80	0.75	0.70	0.80	0.53	0.76
4	0.70	0.80	0.85	0.55	0.70	0.65	0.50	0.90	0.85	0.75	0.75	0.50	0.80
5	0.90	0.85	0.70	0.45	0.80	0.60	0.55	0.83	0.78	0.70	0.76	0.50	0.75
6	0.90	0.84	0.75	0.50	0.80	0.65	0.50	0.80	0.70	0.70	0.75	0.53	0.70
7	0.90	0.85	0.70	0.52	0.79	0.70	0.55	0.80	0.80	0.70	0.80	0.50	0.80
求和	5.95	5.88	5.25	3.64	5.53	4.55	3.85	5.81	5.46	5.04	5.32	3.71	5.32
均值	0.85	0.84	0.75	0.52	0.79	0.65	0.55	0.83	0.78	0.72	0.76	0.53	0.76

在突变级数法中,得到的初始数据需经过极差变换法归一化处理得到各指标的数值,将底层指标中的均值转化为在 $[0,1]$ 区间上的数据,但这里专家给出的评分数据本身就在 $[0,1]$ 区间上,所以无需进行初始数据的归一化处理。

根据表 8.3 中的各指标得分数据,以综合保障性 B_1 下属的四个指标(战备

完好性 C_{11}、使用可用度 C_{12}、任务持续能力 C_{13}、寿命周期费用 C_{14})为例,得分总和分别为 5.95、5.88、5.25、3.64,因此,综合保障性 B_1 的下级指标重要性排序为 $C_{11} > C_{12} > C_{13} > C_{14}$。

同理可得

$$C_{24} > C_{21} > C_{25} > C_{22} > C_{23}$$
$$C_{32} = C_{34} > C_{31} > C_{33}$$
$$B_1 > B_2 > B_3$$

8.4.3　利用归一公式进行雷达装备保障性综合评估

仍然以综合保障性 B_1 下属的四个指标 $C_{11},C_{12},C_{13},C_{14}$ 为例,代入蝴蝶型突变模型的归一公式后得

$$x_{C_{11}} = \sqrt{0.85} = 0.9220, x_{C_{12}} = \sqrt[3]{0.84} = 0.9435,$$
$$x_{C_{13}} = \sqrt[4]{0.75} = 0.9306, x_{C_{14}} = \sqrt[5]{0.52} = 0.8774。$$

因为 $C_{11},C_{12},C_{13},C_{14}$ 可以互补,所以适用"互补"原则, $x_{B_1} = (x_{C_{11}} + x_{C_{12}} + x_{C_{13}} + x_{C_{14}})/4 = 0.9184$。

同理可得

$$x_{C_{21}} = \sqrt[3]{0.79} = 0.9244, x_{C_{22}} = \sqrt[5]{0.65} = 0.9175,$$
$$x_{C_{23}} = \sqrt[6]{0.55} = 0.9052, x_{C_{24}} = \sqrt{0.83} = 0.9110,$$
$$x_{C_{25}} = \sqrt[4]{0.78} = 0.9398, x_{B_2} = (x_{C_{21}} + x_{C_{22}} + x_{C_{23}} + x_{C_{24}} + x_{C_{25}})/5 = 0.9196,$$
$$x_{C_{31}} = \sqrt[4]{0.72} = 0.9212, x_{C_{32}} = \sqrt{0.76} = 0.8718,$$
$$x_{C_{33}} = \sqrt[5]{0.53} = 0.8808, x_{C_{34}} = \sqrt[3]{0.76} = 0.9126,$$
$$x_{B_3} = (x_{C_{31}} + x_{C_{32}} + x_{C_{33}} + x_{C_{34}})/4 = 0.8966, x_A = (\sqrt{x_{B_1}} + \sqrt[3]{x_{B_2}} + \sqrt[4]{x_{B_3}})/3 = 0.9679。$$

8.4.4　调整原雷达装备保障性评估标准及初始综合评估值

若根据原评估标准,初始综合值 0.9679 落在区间 (0.8,1] 内,评估等级应为优秀。但由于突变级数法归一公式的聚焦性,导致得出的初始综合评估值向 1 聚焦,若仍按原来的评估标准来确定评估等级是不准确的。需要对原评估等级标准或初始综合评估值进行调整。

对原评估等级标准进行调整时,分别以 0,0.2,0.4,0.6,0.8,1 作为底层指标的均值,计算出对应的顶层综合评估值为 0,0.8407,0.9043,0.9449,0.9754,1。调整前后的评估等级标准如表8.4所示。

表8.4   调整前后的评估等级标准

保障性等级	原标准	新标准
优秀	(0.8,1]	(0.9754,1]
良好	(0.6,0.8]	(0.9449,0.9754]
一般	(0.4,0.6]	(0.9043,0.9449]
较差	(0.2,0.4]	(0.8407,0.9043]
极差	[0,0.2]	[0,0.8407]

在表8.4中,根据新的雷达装备保障性评估等级标准,初始综合值0.9679落在区间(0.9449,0.9754]内,该型雷达装备的保障性等级为良好状态。

对初始综合评估值进行调整时,根据式(8.1)得出调整后的综合值为0.7508。调整综合值0.7508落入区间(0.6,0.8],待评雷达装备的保障性等级为良好。可见两种途径最终得到的雷达装备保障性评估结论是一致的。

使用该方法时需注意以下问题:

(1)因突变理论中势函数的控制变量一般不超过5个,所以采用突变级数法进行评估时,评估指标体系中各层指标数一般也不能超过5个,在构建评估指标体系时,若存在数量超过5个的指标层,可将其中同类指标合并为一个新的指标,再将新指标向下一级分解,以达到减少同层指标数量的目的。

(2)利用归一公式计算评估值时,各突变类型中指标的前后次序不同,开方的方根数也不同。因此,指标的排序要有充分的依据。

(3)雷达装备保障性涉及因素众多,为了提高该方法的准确度和可信度,在评估时对专家的选择、指标打分的原则等环节需要重视。

8.5 本 章 小 结

本章研究的主要内容是在3.4节约简后的雷达装备保障性评估指标体系的基础上,利用突变理论构建了改进突变级数法的雷达装备保障性评估模型。对突变级数法中综合评估值集中接近1的问题进行了改进,使得能够更加直观地反映雷达装备保障性的等级。实例表明,通过改进突变级数法的雷达装备保障性评估模型对雷达装备的保障性进行评估的方法是可行的,且该方法无需对各评估指标进行赋权,简化了评估过程,为雷达装备保障性评估提供了一种新方法。

第9章
基于漂移度的雷达装备保障性评估结果分析模型与应用

为了克服综合评估方法存在的局限性,提高雷达装备保障性评估的客观性和准确性,本章在第5章~第8章可拓评估、云评估、灰色评估和改进的突变级数法得到的评估结果基础上,引入漂移度的概念,并结合雷达装备保障性评估实际,构建了基于漂移度的雷达装备保障性评估结果分析模型,对四种评估模型的评估结果进行分析,根据漂移度的大小决定组合评估时各方法的评估结果所占的比重,为评估结果的组合提供参考依据。通过实例验证了所构建模型的有效性。

⑨.1 漂移度理论

为了解决综合评估方法的局限性,可以对几种评估方法的结果进行组合,取长补短,得到更具可信度的综合评估结果。但目前对评估结果的分析不够全面,组合评估的依据不够充分,在此,本章引入漂移度的概念,对四种雷达装备保障性评估模型的评估结果漂移性进行分析,旨在为组合评估提供参考依据。

漂移性是评估结果与实际结果的不一致性。漂移度是对某一评估模型得到的评估结果漂移性的测度。对某一评估模型得到的评估结果进行漂移度研究,必须以漂移性假设为前提。

漂移性假设是指采取不同的评估模型对同一评估对象进行评估时,各评估结果与实际结果存在差异性,且各评估结果之间也不完全相同。

目前,漂移度有两种定义,文献[104]将漂移度定义为评估结果与客观实际的不一致程度。文献[105]认为漂移度是评估结果与客观实际不一致的数学度

123

量,由相似度和差异度两部分构成。前者只考虑评估结果与客观实际的相似性,未考虑两者的差异性。后者从相似性和差异性两方面综合考虑了不同评估结果之间的关系。显然后者的定义更为合理,本章对漂移度的定义采用后者。通过漂移度衡量各单一的雷达装备保障性评估方法的评估结果与客观实际结果的偏差大小,以确定单一评估方法在组合评估时所占的权重系数,为组合评估提供依据。

假设有 m 个待评估的雷达装备,构成雷达装备集 $R = \{R_1, R_2, \cdots, R_m\}$;有 n 种单一的雷达装备保障性评估方法,构成评估方法集 $S = \{S_1, S_2, \cdots, S_n\}$。$S$ 中的每一种评估方法对 R 中的雷达装备保障性进行评估,得到的评估结果构成基础结果矩阵 $G_{n \times m}$。

取基础结果矩阵 $G_{n \times m}$ 中第 i 行元素构成比较向量 α_i,即第 i 种评估方法 S_i 所得的各雷达装备保障性评估结果,记为:$\alpha_i = (G_{i1}, G_{i2}, \cdots, G_{ij}, \cdots, G_{im})$ $(i = 1, 2, \cdots, n)$。

除了第 i 行元素之外,各列其余 $n - 1$ 个元素的平均值组成第 i 行 α_i 的参考向量 β_i,记为

$$\boldsymbol{\beta}_i = (\beta_{i1}, \beta_{i2}, \cdots, \beta_{ij}, \cdots, \beta_{im}) \quad (i = 1, 2, \cdots, n)$$

$$\beta_{ij} = \frac{1}{n-1} \sum_{k=1}^{n} G_{kj} \quad (k \neq i) \tag{9.1}$$

则第 i 种评估方法 S_i 所得评估结果的相似度为

$$X_i = \frac{\lambda_i}{\sum_{i=1}^{n} \lambda_i} \tag{9.2}$$

$$\lambda_i = \frac{\boldsymbol{\alpha}_i \cdot \boldsymbol{\beta}_i}{\|\boldsymbol{\alpha}_i\| \cdot \|\boldsymbol{\beta}_i\|} \tag{9.3}$$

相似度是基于参考向量 $\boldsymbol{\beta}_i$ 和比较向量 $\boldsymbol{\alpha}_i$ 在形状上的相似性来衡量方法 S_i 的合理性。

第 i 种评估方法 S_i 所得评估结果的差异度 Y_i 为

$$Y_i = \frac{\mu_i}{\sum_{i=1}^{n} \mu_i} \tag{9.4}$$

$$\mu_i = \sum_{j=1}^{m} |\beta_{ij} - \alpha_{ij}| \tag{9.5}$$

差异度是从比较向量 $\boldsymbol{\alpha}_i$ 与参考向量 $\boldsymbol{\beta}_i$ 的差值水平大小来衡量单一评估方法 S_i 的合理性。

相似度 X_i 和差异度 Y_i 分别描述了评估结果向量 $\boldsymbol{\alpha}_i$ 与参考向量 $\boldsymbol{\beta}_i$ 的相似程度和差异程度。相似度 X_i 越大,差异度 Y_i 越小,则说明第 i 种评估方法 S_i 所得评估结果与实际结果越接近,该方法的漂移性越小,合理性越高,反之则说明该方法的漂移性大,合理性低。为了综合反映相似度 X_i 和差异度 Y_i,将第 i 种评估方法 S_i 对雷达装备保障性进行评估所得评估结果的漂移性定义为

$$P_i = \begin{cases} (1 - X_i)Y_i & (X_i \neq 1) \\ Y_i & (X_i = 1) \end{cases} \tag{9.6}$$

（9.2）雷达装备保障性评估结果分析模型

根据漂移度的定义,构建基于漂移度的雷达装备保障性评估结果分析模型,其具体步骤如下:

Step 1 从现有的评估方法中选取 n 种适用于雷达装备保障性评估的单一评估方法,将这 n 种评估方法定义为评估方法集 S。

Step 2 根据 3.4 节约简后的雷达装备保障性评估指标体系、4.4 节基于改进 AHM-RS 的雷达装备保障性评估指标综合赋权方法确定的各指标权重和收集的指标数据,分别用 n 种评估方法对 m 个待评估雷达装备的保障性进行评估,得出评估结果。

Step 3 将各方法的评估结果进行标准化处理,使之处于方便比较的同一范围内,得到的评估结果构成基础结果矩阵 $\boldsymbol{G}_{n \times m}$。

Step 4 根据式(9.1)~式(9.6),计算各评估方法的漂移度。

Step 5 根据漂移度的大小,按照式(9.7)确定各评估方法的评估结果在组合时所占的权重。

$$\omega_i = \frac{1/P_i}{\sum_{i=1}^{n} 1/P_i} \tag{9.7}$$

Step 6 进行组合评估,根据式(9.8)得到最终的组合评估结果。

$$P = \sum_{i=1}^{n} P_i \omega_i = P_1 \omega_1 + P_2 \omega_2 + P_3 \omega_3 \tag{9.8}$$

9.3 雷达装备保障性评估结果分析模型的应用

9.3.1 雷达装备保障性各评估方法的评估结果

目前,国内外建立的评估方法多达数百种,对同一个评估对象,有许多评估方法可供选择。但现有评估方法往往存在各自的局限性,有不同的适用条件,即使对同一对象进行评估,其结果也不会完全一致。主要原因是不同的评估方法是从不同的视角对评估对象进行某种估计,不能完全反映评估对象的全部信息,影响评估结果的准确性和可信性。因此,理论上并不存在一种绝对完美的评估方法。在第5章~第8章中,选取了可拓评估法、云评估法、灰色评估法和改进的突变级数法分别对雷达装备保障性进行评估,得出各自的评估结论。但利用上述四种综合评估方法对雷达装备保障性进行评估时,会发现针对相同的评估指标体系、相同的指标权重和相同的指标数据,会得出不完全相同的评估值。这就需要采用组合评估的思想,对各评估结果进行综合考虑,取长补短,相互补充,得到更为客观、可信的组合评估结果。

第5章~第8章中分别运用可拓评估法、云评估法、灰色评估法和改进的突变级数法四种评估方法对待评的雷达装备保障性进行评估,根据所构建的雷达装备保障性评估指标体系和专家给出的各指标打分结果,得出各方法的评估结果如表9.1所示。在云评估法、改进的突变级数法和灰色评估法中,都是得到一个具体的得分值,根据得分值落入的等级区间来判定保障性等级,三种评估方法得到的得分值分别为0.7303、0.7508和0.7186,根据雷达装备保障性评分等级标准,三种方法得到的评估等级均为"良好"。且这三种方法的评估结果本身就在[0,1]区间上,方便比较分析,所以无需进行评估结果的标准化处理。在可拓评估法中,雷达装备保障性等级是依据可拓关联度的大小来判定的,与某一等级的关联度越大,则说明保障性属于该等级。第5章中,可拓关联度最大的是0.0039,对应等级为"良好"。虽然四种方法得到的保障性等级均为"良好",但由于可拓评估法与其他三种方法的评估结果性质不同,其不是以直观的评估数值来表示的,不能与其他三种方法进行漂移度的比较。因此,该型雷达装备保障性评估方法集为

$$S = \{云评估法, 改进的突变级数法, 灰色评估法\}$$

表 9.1　各评估方法评估结果

评估方法	评估结果	评估结果性质	评估等级
云评估法	0.7303	评估数值	良好
改进的突变级数法	0.7508	评估数值	良好
可拓评估法	0.0039	关联度	良好
灰色评估法	0.7186	评估数值	良好

9.3.2　计算雷达装备保障性评估结果的漂移度

利用基于漂移度的雷达装备保障性评估结果分析模型进行如下计算：

由三种评估方法对该型雷达装备保障性进行评估得到的评估结果矩阵为

$$G = \begin{bmatrix} 0.7303 \\ 0.7508 \\ 0.7186 \end{bmatrix}$$

根据式(9.1)~式(9.3)，得到三种评估方法的相似度为

$$X_i = (0.3333, 0.3333, 0.3333)$$

根据式(9.4)~式(9.5)，得到三种评估方法的差异度为

$$Y_i = (0.0835, 0.5000, 0.4165)$$

根据式(9.6)，得到三种评估方法的漂移度为

$$P_i = (0.0557, 0.3333, 0.2777)$$

因此，三种方法的漂移度大小顺序为 $P_1 < P_3 < P_2$。通过漂移度衡量各单一的评估方法的评估结果与客观实际结果的偏差大小，来确定评估方法在组合评估时所占的权重系数。在进行组合评估时，三种方法所占比重为 $w_1 > w_3 > w_2$，以此为组合评估提供参考依据。

9.3.3　确定雷达装备保障性评估结果权重

根据三种评估方法的漂移度结果和式(9.7)可得各评估结果的权重：

$$\omega_i = (\omega_1, \omega_2, \omega_3) = (0.7312, 0.1222, 0.1466)$$

9.3.4　确定雷达装备保障性组合评估结果

根据表 9.1 中各评估方法的评估值和上述评估结果权重，按照式(9.8)可计算出最终的组合评估结果：

$$P = \sum_{i=1}^{n} P_i \omega_i = 0.7303 \times 0.7312 + 0.7508 \times 0.1222 + 0.7186 \times 0.1466 = 0.7311$$

根据雷达装备保障性评估等级标准,最终组合评估值 $P = 0.7311$ 处于 $(0.6,0.8]$,评估等级为"良好"。

9.4 本 章 小 结

本章主要内容是在第 5 章~第 8 章中四种雷达装备保障性综合评估方法得出评估结果的基础上,引入漂移度概念,研究了基于漂移度的雷达装备保障性评估结果分析模型。通过对可拓评估法、云评估法、灰色评估法和改进的突变级数法的评估结果进行分析,由于可拓评估法的评估结果与其他三种评估方法得到的评估结果性质不同,不是具体的评估数值,无法进行评估值上的组合,所以对其进行了筛除。选取了云评估法、灰色评估法和改进的突变级数法作为评估方法集,将它们各自的评估结果作为数据,代入基于漂移度的雷达装备保障性评估结果分析模型,得出组合评估结果。

第 10 章
雷达装备保障性灰色模糊综合评估模型

本章在 4.3 节改进 AHM-CRITIC 的雷达装备保障性评估指标综合赋权方法的基础上,按照图 3.4 构建的评估指标体系,结合雷达装备保障性评估目标和实际要求,综合考虑评估问题具备的多个典型特点,建立雷达装备保障性灰色模糊综合评估模型,使之符合雷达装备实际;适用于雷达装备各级指标及整体的保障性评估;依据结果可以直观地判定保障性优劣等级。

 10.1 **灰色理论及模糊综合评估理论**

10.1.1 灰色系统理论

灰色系统理论,由邓聚龙教授提出,主要针对不确定信息问题进行研究,适合运用于研究对象信息不完全、不确定、定量不多情况下的建模运算与分析决策。"灰色"指的就是由于人的认知水平、信息获取、决策能力等存在诸多差异,造成的信息不完全、不确定、定量不多的情况,其所对应的系统即具备灰色特征,称作是"灰色系统"。在灰色系统理论中,灰色特征以集合的方式体现,这个集合包含的数值称为灰数,灰数常以符号"$\otimes$"表示,是指落在一个大概区间范围内,但无法确切取值的数,体现了不确定性、不完全性。灰色系统理论对掌握的已有信息进行选取、转化、分析等处理,从中提炼出对研究对象或研究目标有价值的信息,以此实现对系统特性、规律、行为、效能等的准确描述及精准掌握。

雷达装备保障性灰色模糊综合评估方法,在保障性优劣等级与灰类之间建立起一一对应的映射关系,专家针对雷达装备保障性评估得出的每一个优劣等级,按分数高低都与某一个灰类对应,基于雷达装备保障性各指标要素隶属的优劣等级及灰类,运用灰色统计理论,将专家评定的分数数据加以量化,可以得到权向量,然后再进行相应的灰色模糊综合计算处理,最终得到雷达装备保障性整体及各指标要素的综合评估结果,据此结果即可得出评估结论并进行分析建议。

代入雷达装备保障性灰色模糊评估模型中的数据大多是落在固定区间范围内的不确定数值,完整准确的确定性数据并不多,而灰色特征即体现了多个灰数组成的区间范围的集合这一特点,适用于此情况,可予以应用,得到的评估结论既包含雷达装备保障性整体及各指标因素所处的优劣等级,又可一定程度地反映雷达装备保障性整体及各指标因素的相对可信程度,具有很好的适用性、可行性。

10.1.2 白化权函数

白化权函数,用于描述随不同数据而进行相应变化的关系,它可以将采集的已有评估数据"分门别类"。评估灰类与白化权函数是一一对应的,明确各个评估数据分别隶属于相应灰类的程度,将这一隶属关系进行定量描述,并对评估数据加以计算转化,这个定量的准则就称为白化权函数。

在实际建立模型与运算过程中,白化权函数中存在着许多转折点,转折点的取值称为阈值,论文采用相对阈值的确定方法,即根据一定的准则,在评估样本矩阵中,对相应白化权函数的上限阈值、下限阈值以及中间阈值赋予明确数值定义,实际计算时需要确定相应区间最大值、区间最小值以及区间中间值,给予阈值赋值,再进行后续运算。

总体而言,白化权函数可分为三大类:上类形态灰数白化权函数、中类形态灰数白化权函数以及下类形态灰数白化权函数,其中,中类形态灰数还可根据实际情况进行进一步的细化分类,例如分为中上类形态灰数、中类形态灰数、中下类形态灰数等。

设灰数 $d_{X_{j-t}} \otimes_e \in [d_1, +\infty], d_2 \in (d_1, +\infty]$,$f_e$ 表示白化权函数,其中 e 对应不同的灰类等级,列举三种白化权函数如下:

第一等级灰类,白化权函数为

$$f_1(d_{X_{j-t}}) = \begin{cases} \dfrac{d_{X_{j-t}}}{d_1} & (d_{X_{j-t}} \in [0, d_1]) \\ 1 & d_{X_{j-t}} \in [d_1, +\infty] \\ 0 & d_{X_{j-t}} \notin [0, +\infty] \end{cases} \tag{10.1}$$

第二等级灰类,白化权函数为

$$f_2(d_{X_{j-t}}) = \begin{cases} \dfrac{d_{X_{j-t}}}{d_1} & (d_{X_{j-t}} \in [0, d_1]) \\ \dfrac{d_2 - d_{X_{j-t}}}{d_2 - d_1} & (d_{X_{j-t}} \in [d_1, d_2]) \\ 0 & (d_{X_{j-t}} \notin [0, d_2]) \end{cases} \qquad (10.2)$$

第三等级灰类,白化权函数为

$$f_3(d_{X_{j-t}}) = \begin{cases} 1 & (d_{X_{j-t}} \in [0, d_1]) \\ \dfrac{d_2 - d_{X_{j-t}}}{d_2 - d_1} & (d_{X_{j-t}} \in [d_1, d_2]) \\ 0 & (d_{X_{j-t}} \notin [0, d_2]) \end{cases} \qquad (10.3)$$

10.1.3 模糊综合评估理论

模糊理论在 1965 年由美国教授扎德(L. A. Zdah)提出。模糊综合评估理论是建立在模糊数学理论的基础上,应用模糊合成的相关原理和方法,将若干影响因素多、结构复杂、量化难度大的定性问题转化为可计算的定量问题的一种方法理论。模糊综合评估理论可应用于对评估对象特性的综合评估,根据所得评估结果,可判定得出评估对象特性的优劣程度、隶属等级等信息。

模糊综合评估理论尤其适合针对包含多指标元素、多结构层次的复杂问题的综合评估,其优点较为明显:具有较强的系统性、算法模型简洁便捷、评估结果清晰明了等。应用模糊综合评估理论,可以得出一个合理且与实际相切合的量化评估分值,依据评估得分结果可有效确定评估对象所属的等级,满足装备特性评估的实际需求。

根据评估对象指标体系的结构层级以及评估目标要求,模糊综合评估方法理论具体可分为一级模糊综合评估与多级模糊综合评估[106]。结构复杂的评估对象,指标体系往往是多因素、多层级的,而且,体系中各个评估指标由许多下属的子指标组成,各评估指标在受上级指标包含、联系的同时,还会受到其下属子指标的影响,针对此类对象进行综合评估时,通常采用多级模糊综合评估方法理论,更为适用可行、贴合实际情况。具体运用到评估运算中,先由最底层各因素进行一级模糊综合评估计算,而后从最底层指标开始逐层级向上递推进行模糊综合评估计算,到达评估指标体系的最高层指标为止,最终可求得评估对象整体的综合评估结果。

雷达装备保障性评估问题是一个综合性评估问题,从评估指标体系可以明显看出,雷达装备保障性综合评估既包含了大量定性及定量因素,又属于多元素多层次问题,其具备指标多元性、结构复杂性、信息不充分性等特性,符合模糊综合评估理论的适用范围。

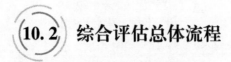

10.2 综合评估总体流程

通过 3.3 节、4.3 节及 10.1 节的分析总结,在梳理雷达装备保障性评估指标体系、评估指标综合赋权方法、灰色模糊综合评估模型的基础上,整理出雷达装备保障性综合评估总体流程如图 10.1 所示。

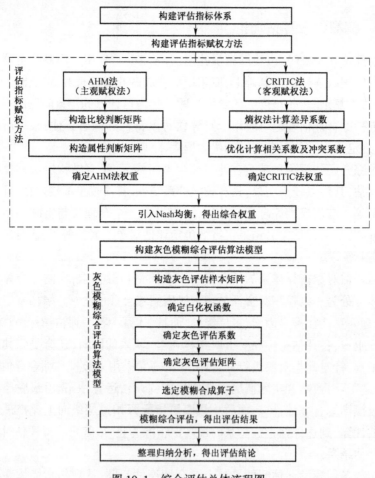

图 10.1　综合评估总体流程图

灰色模糊综合评估模型的建立

10.3.1 建立灰色评估样本矩阵

制定评分等级,也是将定性指标进行定量化处理的有效办法,根据雷达装备保障性评估标准,按分值 F 的大小划定 5 个等级 $(0 < F \le 10)$,如表 10.1 所示。

表 10.1 雷达装备保障性评分等级标准

等级	优秀	良好	一般	较差	极差
分值	$8 < F \le 10$	$6 < F \le 8$	$4 < F \le 6$	$2 < F \le 4$	$0 \le F \le 2$

"优秀"为第一等级,说明雷达装备保障性优秀;"良好"为第二等级,说明雷达装备保障性良好;"一般"为第三等级,说明雷达装备保障性一般;"较差"为第四等级,说明雷达装备保障性较差;"极差"为第五等级,说明雷达装备保障性极差。

按照以上评分等级标准,邀请 p 个专家参与评价打分,则第 t ($t = 1, 2, \cdots, p$)个专家针对评估指标 X_j 进行评分的分值记为 $d_{X_{j-t}}$。综合专家打分情况,则可确定雷达装备保障性评估指标的灰色评估样本矩阵

$$D = \begin{bmatrix} d_{X_{1-1}} & d_{X_{1-2}} & \cdots & d_{X_{1-p}} \\ d_{X_{2-1}} & d_{X_{2-2}} & \cdots & d_{X_{2-p}} \\ \vdots & \vdots & \ddots & \vdots \\ d_{X_{j-1}} & d_{X_{j-2}} & \cdots & d_{X_{j-p}} \end{bmatrix} \quad (10.4)$$

10.3.2 确定评估灰类及白化权函数

根据表 10.1,将雷达装备保障性设为 5 个评估灰类等级,相对应的白化权函数如下:

第一等级($e = 1$),灰类"优秀",灰数 $d_{X_{j-t}} \otimes_1 \in [0, 9, +\infty]$,对应白化权函数为

$$f_1(d_{X_{j-t}}) = \begin{cases} \dfrac{d_{X_{j-t}}}{9} & (d_{X_{j-t}} \in [0,9]) \\ 1 & (d_{X_{j-t}} \in [9, +\infty]) \\ 0 & (d_{X_{j-t}} \notin [0, +\infty]) \end{cases} \tag{10.5}$$

第二等级（$e=2$），灰类"良好"，灰数 $d_{X_{j-t}} \otimes_2 \in [0,7,14]$，对应白化权函数为

$$f_2(d_{X_{j-t}}) = \begin{cases} \dfrac{d_{X_{j-t}}}{7} & (d_{X_{j-t}} \in [0,7]) \\ 2 - \dfrac{d_{X_{j-t}}}{7} & (d_{X_{j-t}} \in [7,14]) \\ 0 & (d_{X_{j-t}} \notin [0,14]) \end{cases} \tag{10.6}$$

第三等级（$e=3$），灰类"一般"，灰数 $d_{X_{j-t}} \otimes_3 \in [0,5,10]$，对应白化权函数为

$$f_3(d_{X_{j-t}}) = \begin{cases} \dfrac{d_{X_{j-t}}}{5} & (d_{X_{j-t}} \in [0,5]) \\ 2 - \dfrac{d_{X_{j-t}}}{5} & (d_{X_{j-t}} \in [5,10]) \\ 0 & (d_{X_{j-t}} \notin [0,10]) \end{cases} \tag{10.7}$$

第四等级（$e=4$），灰类"较差"，灰数 $d_{X_{j-t}} \otimes_4 \in [0,3,6]$，对应白化权函数为

$$f_4(d_{X_{j-t}}) = \begin{cases} \dfrac{d_{X_{j-t}}}{3} & (d_{X_{j-t}} \in [0,3]) \\ 2 - \dfrac{d_{X_{j-t}}}{3} & (d_{X_{j-t}} \in [3,6]) \\ 0 & (d_{X_{j-t}} \notin [0,6]) \end{cases} \tag{10.8}$$

第五等级（$e=5$），灰类"极差"，灰数 $d_{X_{j-t}} \otimes_5 \in [0,1,2]$，对应白化权函数为

$$f_5(d_{X_{j-t}}) = \begin{cases} 1 & (d_{X_{j-t}} \in [0,1]) \\ 2 - d_{X_{j-t}} & (d_{X_{j-t}} \in [1,2]) \\ 0 & (d_{X_{j-t}} \notin [0,2]) \end{cases} \tag{10.9}$$

以上五种灰类白化权函数对应的函数图如图 10.2~图 10.6 所示。

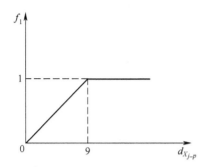

图 10.2　"优秀"灰类白化权函数图

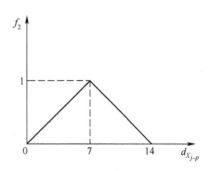

图 10.3　"良好"灰类白化权函数图

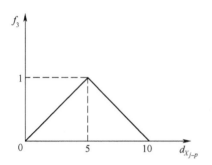

图 10.4　"一般"灰类白化权函数图

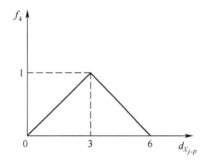

图 10.5　"较差"灰类白化权函数图

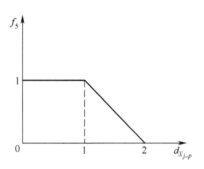

图 10.6　"极差"灰类白化权函数图

将矩阵 $\boldsymbol{D}$ 中的各个元素按对应灰数要求,代入各个灰类的白化权函数中,经过相应白化权函数的计算转换,可得 $f_e(d_{X_{j-t}})$,则灰色评估样本矩阵 $\boldsymbol{D}$ 即可转化成白化矩阵 $\boldsymbol{F}$。

根据式(10.5)~式(10.9),按不同灰类,经计算整理可得白化矩阵 $\boldsymbol{F}_e$,具体形式如下：

$$F_1 = \begin{bmatrix} f_1(d_{X_{1-1}}) & f_1(d_{X_{1-2}}) & \cdots & f_1(d_{X_{1-p}}) \\ f_1(d_{X_{2-1}}) & f_1(d_{X_{2-2}}) & \cdots & f_1(d_{X_{2-p}}) \\ \vdots & \vdots & \ddots & \vdots \\ f_1(d_{X_{j-1}}) & f_1(d_{X_{j-2}}) & \cdots & f_1(d_{X_{j-p}}) \end{bmatrix} \tag{10.10}$$

$$F_2 = \begin{bmatrix} f_2(d_{X_{1-1}}) & f_2(d_{X_{1-2}}) & \cdots & f_2(d_{X_{1-p}}) \\ f_2(d_{X_{2-1}}) & f_2(d_{X_{2-2}}) & \cdots & f_2(d_{X_{2-p}}) \\ \vdots & \vdots & \ddots & \vdots \\ f_2(d_{X_{j-1}}) & f_2(d_{X_{j-2}}) & \cdots & f_2(d_{X_{j-p}}) \end{bmatrix} \tag{10.11}$$

$$F_3 = \begin{bmatrix} f_3(d_{X_{1-1}}) & f_3(d_{X_{1-2}}) & \cdots & f_3(d_{X_{1-p}}) \\ f_3(d_{X_{2-1}}) & f_3(d_{X_{2-2}}) & \cdots & f_3(d_{X_{2-p}}) \\ \vdots & \vdots & \ddots & \vdots \\ f_3(d_{X_{j-1}}) & f_3(d_{X_{j-2}}) & \cdots & f_3(d_{X_{j-p}}) \end{bmatrix} \tag{10.12}$$

$$F_4 = \begin{bmatrix} f_4(d_{X_{1-1}}) & f_4(d_{X_{1-2}}) & \cdots & f_4(d_{X_{1-p}}) \\ f_4(d_{X_{2-1}}) & f_4(d_{X_{2-2}}) & \cdots & f_4(d_{X_{2-p}}) \\ \vdots & \vdots & \ddots & \vdots \\ f_4(d_{X_{j-1}}) & f_4(d_{X_{j-2}}) & \cdots & f_4(d_{X_{j-p}}) \end{bmatrix} \tag{10.13}$$

$$F_5 = \begin{bmatrix} f_5(d_{X_{1-1}}) & f_5(d_{X_{1-2}}) & \cdots & f_5(d_{X_{1-p}}) \\ f_5(d_{X_{2-1}}) & f_5(d_{X_{2-2}}) & \cdots & f_5(d_{X_{2-p}}) \\ \vdots & \vdots & \ddots & \vdots \\ f_5(d_{X_{j-1}}) & f_5(d_{X_{j-2}}) & \cdots & f_5(d_{X_{j-p}}) \end{bmatrix} \tag{10.14}$$

10.3.3 确定灰色评估系数

针对评估指标 X_j，计算其第 e 个等级灰类的灰色评估系数 $x_{X_{j-e}}$：

$$x_{X_{j-e}} = \sum_{t=1}^{p} f_e(d_{X_{j-t}}) \quad (e=1,2,\cdots,5; j=1,2,\cdots,n) \tag{10.15}$$

根据 5 个评估灰类，计算评估指标 X_j 的总灰色评估系数

$$X_{X_j}^* = \sum_{e=1}^{5} x_{X_{j-e}} \tag{10.16}$$

10.3.4　建立灰色评估权向量及矩阵

针对评估指标 X_j ,计算其第 e 个灰类的灰色评估权值为

$$r_{X_{j-e}} = \frac{x_{X_{j-e}}}{X_{X_j}^*}\qquad(10.17)$$

评估指标 X_j 的灰色评估权行向量为

$$\boldsymbol{R}'_{X_j} = \left[r_{X_{j-1}}, r_{X_{j-2}}, \cdots, r_{X_{j-e}} \right]\qquad(10.18)$$

评估指标 X_j 的灰色评估权列向量为

$$\boldsymbol{R}'^{L}_{X_j} = \left[r_{X_{1-e}}, r_{X_{2-e}}, \cdots, r_{X_{j-e}} \right]^{\mathrm{T}}\qquad(10.19)$$

灰色评价权向量经归一化后,进而求得最底层三级指标 C 所有评估指标对于评估目标所形成灰色评估矩阵为

$$\boldsymbol{R}_X = \begin{bmatrix} \boldsymbol{R}'_{X_1} \\ \boldsymbol{R}'_{X_2} \\ \vdots \\ \boldsymbol{R}'_{X_j} \end{bmatrix} = \begin{bmatrix} r_{X_{1-1}} & r_{X_{1-2}} & \cdots & r_{X_{1-e}} \\ r_{X_{2-1}} & r_{X_{2-2}} & \cdots & r_{X_{2-e}} \\ \vdots & \vdots & \ddots & \vdots \\ r_{X_{j-1}} & r_{X_{j-2}} & \cdots & r_{X_{j-e}} \end{bmatrix}\qquad(10.20)$$

10.3.5　确定合成算子

模糊合成算子是综合赋权方法与综合评估中的重要组成部分,无论是综合赋权方法还是综合评估模型,最终结果都会受到模糊合成算子的直接影响。在进行权重的模糊合成时,不同的模糊合成算子具有不同的运算准则,各有侧重,所得结果各有不同,因此,确定与赋权方法、评估模型相适应的合成算子,显得尤为重要。

常用的模糊合成算子[107]主要包括主要因素决定型合成算子、主要因素突出型合成算子、均衡平均型合成算子、加权平均型合成算子四类。将四种常用合成算子进行对比,如表 10.2 所示。

表 10.2　常用合成算子对比分析表

合成算子	合成算子类型	合成算子特点		
		评估矩阵作用	权重作用	综合程度
M(∨ − ∧)	主要因素决定型	不充分	不明显	弱
M(∨ − ·)	主要因素突出型	不充分	较明显	弱
M(+ − ∧)	均衡平均型	充分	不明显	较强
M(+ − ·)	加权平均型	充分	明显	强

综上所述,加权平均型合成算子能使评估矩阵的作用得以充分发挥,权重贡献作用明显,综合程度强,因此选用加权平均型合成算子作为雷达装备保障性综合评估的合成算子。

10.3.6　模糊综合评估

依据灰色评估矩阵 $\boldsymbol{R}_X$,可以得到向量:

$$(\boldsymbol{R}'_{X_j})_{\max} = \max(r_{X_{j-1}}, r_{X_{j-2}}, \cdots, r_{X_{j-e}}) \tag{10.21}$$

由 $(\boldsymbol{R}'_{X_j})_{\max}$ 可以提供指标最大灰色评估权值,按照最大隶属度原则,可以得出各指标灰类,并据此推算判定雷达装备保障性优劣等级,但此种判定方法对数据所含信息利用不全面,舍弃了部分数据信息,存在一定片面性。倘若按照此方法判定各指标的评估结果,划定雷达装备保障性优劣等级,会存在数据信息丢失过多、利用不完整、体现不全面等弊端,可能会直接导致评估结果的准确性受到影响,从而降低评估的可信度。因此,必须再对其进行进一步的单值化处理,完整充分地利用已有信息,得到一个综合评估分值,作为最终的评估依据,避免上述问题造成的不利影响,实现对雷达装备保障性的准确评估。

选取并运用与雷达装备保障性评估相适宜的模糊合成算子,用权重与相应的灰色评估矩阵进行综合运算,可得到灰色模糊综合评估向量,灰色模糊综合评估向量从高一等级的总体上反映了评估指标落于各等级灰类的程度度量,再经过与灰类值向量的运算,即可得出综合评估分值作为结果。

对用于变换计算的灰色模糊综合评估运算模型进行介绍,以计算 $\boldsymbol{H}'_X = \boldsymbol{W}'_{CB} \cdot \boldsymbol{R}_X$ 为例,三级指标相对于二级指标的权重为 $\boldsymbol{W}'_{CB}$,最底层三级指标 C 所有评估指标对于评估目标 U 形成灰色评估矩阵为 $\boldsymbol{R}_X$,"·"表示运用加权平均型合成算子进行计算,得到灰色模糊综合评估向量 $\boldsymbol{H}'_X$,其具体计算形式如下:

$$
\begin{aligned}
\boldsymbol{H}'_X &= W'_{CB} \cdot G \\[2mm]
&= [\, W'_{C_1}, W'_{C_2}, \cdots, W'_{C_n} \,] \cdot
\begin{bmatrix}
r_{i11} & r_{i12} & \cdots & r_{i1e} \\
r_{i21} & r_{i21} & \cdots & r_{i2e} \\
\vdots & \vdots & \ddots & \vdots \\
r_{ij1} & r_{ij2} & \cdots & r_{ije}
\end{bmatrix} \\[2mm]
&= [\, h'_{C_1}, h'_{C_2}, \cdots, h'_{C_n} \,]
\end{aligned}
\tag{10.22}
$$

综合评估的具体步骤如下:

(1)根据评分等级标准对各灰类等级赋值,可得各灰类值向量:

$$\boldsymbol{F} = [f_1, f_2, \cdots, f_m]^{\mathrm{T}} \tag{10.23}$$

可求得三级指标综合评估得分:

$$Z''' = \boldsymbol{R}_X \cdot \boldsymbol{F} \tag{10.24}$$

（2）最底层三级指标 C 包含的所有评估指标对于评估目标 U 形成灰色评估矩阵 $\boldsymbol{R}_X$：

$$\boldsymbol{R}_X = \begin{bmatrix} \boldsymbol{R}'_{X_1} \\ \boldsymbol{R}'_{X_2} \\ \vdots \\ \boldsymbol{R}'_{X_j} \end{bmatrix} = \begin{bmatrix} r_{X_{1-1}} & r_{X_{1-2}} & \cdots & r_{X_{1-e}} \\ r_{X_{2-1}} & r_{X_{2-2}} & \cdots & r_{X_{2-e}} \\ \vdots & \vdots & \ddots & \vdots \\ r_{X_{j-1}} & r_{X_{j-2}} & \cdots & r_{X_{j-e}} \end{bmatrix} \tag{10.25}$$

将最底层三级指标 C 对二级指标 B 进行综合变换计算,结果为

$$\boldsymbol{H}'_X = \boldsymbol{W}'_{CB} \cdot \boldsymbol{R}_X \tag{10.26}$$

可求得二级指标综合评估得分为

$$Z'' = \boldsymbol{H}'_X \cdot \boldsymbol{F} \tag{10.27}$$

（3）由 $\boldsymbol{H}'_X$ 组成二级指标 B 对于各评估灰类的灰色评估矩阵为

$$\boldsymbol{G} = \left[\boldsymbol{H}'_{X_1}, \boldsymbol{H}'_{X_2}, \cdots, \boldsymbol{H}'_{X_m} \right]^{\mathrm{T}} \tag{10.28}$$

将二级指标 B 对一级指标 A 进行综合变换计算,结果为

$$\boldsymbol{H}_X = \boldsymbol{W}'_{BA} \cdot \boldsymbol{G} \tag{10.29}$$

可求得一级指标综合评估得分为

$$Z' = \boldsymbol{H}_X \cdot \boldsymbol{F} \tag{10.30}$$

（4）由 $\boldsymbol{H}_X$ 组成一级指标 A 对于各评估灰类的灰色评估矩阵为

$$\boldsymbol{I} = \left[\boldsymbol{H}_{X_1}, \boldsymbol{H}_{X_2}, \cdots, \boldsymbol{H}_{X_m} \right]^{\mathrm{T}} \tag{10.31}$$

将一级指标 A 对评估目标 U 进行综合变换计算,结果为

$$\boldsymbol{H} = \boldsymbol{W}'_{AU} \cdot \boldsymbol{I} \tag{10.32}$$

最终,可计算得出雷达装备保障性综合评估分值为

$$Z = \boldsymbol{H} \cdot \boldsymbol{F} \tag{10.33}$$

Z 值的计算过程囊括了完整的已有评估信息,Z 值是对雷达装备保障性评估信息全面综合的体现,根据 Z 值的大小,最终判定得出雷达装备保障性的优劣等级,完成对雷达装备保障性的综合评估。

10.4 本 章 小 结

本章所做的主要工作是根据评估目标需求,依据雷达装备保障性实际,建立了雷达装备保障性灰色模糊综合评估模型。针对雷达装备保障性信息不充分、

不确定、无固定规律、定性定量混杂等情况,综合运用灰色系统理论、模糊评估理论等方法建立了算法模型,与雷达装备保障性评估实际相适应,与评估目标需求相切合。详细介绍了灰色模糊综合评估模型的运算步骤,最终可得到单值化评估结果,即各级指标保障性评估分值以及装备整体保障性评估分值,从而判定保障性优劣等级,模型适用,流程简捷,具备一定的可操作性,为本书进行实例应用分析构建了算法模型,提供了遵循依据。

第 11 章
雷达装备保障性评估实例应用

本章在 4.3 节与第 10 章的基础上,将实例应用到基于改进 AHM-CRITIC 的雷达装备保障性评估指标综合赋权方法和雷达装备保障性灰色模糊综合评估模型中,进行评估计算分析。按照综合赋权方法和综合评估模型的步骤流程,计算出雷达装备各级评估指标综合权重;得出雷达装备各级指标及整体保障性评估得分及隶属等级。构建基于 SPA-AHM 的雷达装备保障性评估检验模型,对实例评估结果进行检验;针对评估得分结果进行分析,得出评估结论;依据评估得分结果及评估结论,提出有利于雷达装备保障性优化改进的建议及措施。

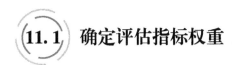 **11.1** 确定评估指标权重

11.1.1 运用 AHM 法计算指标权重

一级指标 A 包括战备完好性及保障性综合参数 A_1、设计特性 A_2、计划保障资源 A_3 等三个评估指标。

评估目标"雷达装备保障性 U"包括战备完好性及保障性综合参数 A_1、设计特性 A_2、计划保障资源 A_3 等三个评估指标,构建比较判断矩阵,如表 11.1 所示。

表 11.1 一级指标 A 比较判断矩阵表

评估目标 U	战备完好性及保障性综合参数 A_1	设计特性 A_2	计划保障资源 A_3
战备完好性及保障性综合参数 A_1	1	3	5
设计特性 A_2	1/3	1	3
计划保障资源 A_3	1/5	1/3	1

二级指标 B 包括战备完好率 B_1、任务持续能力 B_2、系统可用度 B_3、系统可信性 B_4、任务出动率 B_5、寿命周期费用 B_6、可靠性 B_7、维修性 B_8、测试性 B_9、安全性 B_{10}、环境适应性 B_{11}、电磁兼容性 B_{12}、生存性 B_{13}、通用性 B_{14}、运输性 B_{15}、人素工程特性 B_{16}、保障设施 B_{17}、保障设备 B_{18}、备品备件 B_{19}、人力人员 B_{20}、培训训练 B_{21}、技术资料 B_{22}、物流调配 B_{23}、经费支持 B_{24}、信息系统 B_{25}、计算机资源 B_{26}、包装贮存装卸运输等保障 B_{27} 等 27 个评估指标。

"战备完好性及保障性综合参数 A_1"包括战备完好率 B_1、任务持续能力 B_2、系统可用度 B_3、系统可信性 B_4、任务出动率 B_5、寿命周期费用 B_6 等评估指标,构建比较判断矩阵,如表 11.2 所示。

表 11.2　A_1 所属指标比较判断矩阵表

战备完好性及保障性综合参数 A_1	战备完好率 B_1	任务持续能力 B_2	系统可用度 B_3	系统可信性 B_4	任务出动率 B_5	寿命周期费用 B_6
战备完好率 B_1	1	4	3	5	8	8
任务持续能力 B_2	1/4	1	1/4	1/3	4	8
系统可用度 B_3	1/3	4	1	3	7	8
系统可信性 B_4	1/5	3	1/3	1	4	6
任务出动率 B_5	1/8	1/4	1/7	1/4	1	1/4
寿命周期费用 B_6	1/8	1/8	1/8	1/6	4	1

"设计特性 A_2"包括可靠性 B_7、维修性 B_8、测试性 B_9、安全性 B_{10}、环境适应性 B_{11}、电磁兼容性 B_{12}、生存性 B_{13}、通用性 B_{14}、运输性 B_{15}、人素工程特性 B_{16} 等评估指标,构建比较判断矩阵,如表 11.3 所示。

表 11.3　A_2 所属指标比较判断矩阵表

设计特性 A_2	可靠性 B_7	维修性 B_8	测试性 B_9	安全性 B_{10}	环境适应性 B_{11}	电磁兼容性 B_{12}	生存性 B_{13}	通用性 B_{14}	运输性 B_{15}	人素工程特性 B_{16}
可靠性 B_7	1	2	7	4	8	5	3	7	8	9
维修性 B_8	1/2	1	5	3	7	5	3	7	7	9
测试性 B_9	1/7	1/5	1	1/3	5	3	1/5	5	5	8
安全性 B_{10}	1/4	1/3	3	1	7	5	1/2	7	7	9
环境适应性 B_{11}	1/8	1/7	1/5	1/7	1	1/3	1/7	3	2	5
电磁兼容性 B_{12}	1/5	1/5	1/3	1/5	3	1	3	5	7	7

（续）

设计特性 A_2	可靠性 B_7	维修性 B_8	测试性 B_9	安全性 B_{10}	环境适应性 B_{11}	电磁兼容性 B_{12}	生存性 B_{13}	通用性 B_{14}	运输性 B_{15}	人素工程特性 B_{16}
生存性 B_{13}	1/3	1/3	5	2	7	1/3	1	2	5	7
通用性 B_{14}	1/7	1/7	1/5	1/7	1/3	1/5	1/2	1	5	7
运输性 B_{15}	1/8	1/7	1/5	1/7	1/2	1/7	1/5	1/5	1	1/3
人素工程特性 B_{16}	1/9	1/9	1/8	1/9	1/5	1/7	1/7	1/7	3	1

"计划保障资源 A_3"包括保障设施 B_{17}、保障设备 B_{18}、备品备件 B_{19}、人力人员 B_{20}、培训训练 B_{21}、技术资料 B_{22}、物流调配 B_{23}、经费支持 B_{24}、信息系统 B_{25}、计算机资源 B_{26}、包装贮存装卸运输等保障 B_{27} 等评估指标,构建比较判断矩阵,如表 11.4 所示。

表 11.4 A_3 所属指标比较判断矩阵表

计划保障资源 A_3	保障设施 B_{17}	保障设备 B_{18}	备品备件 B_{19}	人力人员 B_{20}	培训训练 B_{21}	技术资料 B_{22}	物流调配 B_{23}	经费支持 B_{24}	信息系统 B_{25}	计算机资源 B_{26}	包装贮存装卸运输等保障 B_{27}
保障设施 B_{17}	1	2	4	1/4	5	1/2	5	3	5	5	6
保障设备 B_{18}	1/2	1	2	1/5	5	1/3	5	3	5	3	6
备品备件 B_{19}	1/4	1/2	1	1/6	3	1/5	3	3	4	1/3	5
人力人员 B_{20}	4	5	6	1	8	3	6	6	5	5	7
培训训练 B_{21}	1/5	1/5	1/3	1/8	1	1/7	1/3	2	3	1/5	1/2
技术资料 B_{22}	2	3	5	1/3	7	1	5	5	7	6	6
物流调配 B_{23}	1/5	1/5	1/3	1/5	3	1/5	1	3	3	1/5	5
经费支持 B_{24}	1/3	1/3	1/3	1/6	1/2	1/5	1/3	1	1/2	1/5	2
信息系统 B_{25}	1/5	1/5	1/4	1/5	1/3	1/7	1/3	2	1	1/5	1/3
计算机资源 B_{26}	1/5	1/3	3	1/5	5	1/6	5	5	5	1	5
包装贮存装卸运输等保障 B_{27}	1/6	1/6	1/5	1/7	2	1/6	1/5	1/2	3	1/5	1

三级指标 C 包括战备完好率 C_1、任务持续能力 C_2、平均可用度 C_3、任务可

143

靠度 C_4、任务成功度 C_5、按计划出动率 C_6、听召唤出动率 C_7、论证研制费用 C_8、采办购置费用 C_9、使用保障费用 C_{10}、退役处置费用 C_{11}、使用寿命 C_{12}、平均故障间隔时间 C_{13}、平均致命性故障间隔时间 C_{14}、平均修复时间 C_{15}、平均维修时间 C_{16}、维修停机时间率 C_{17}、故障检测率 C_{18}、故障隔离率 C_{19}、故障虚警率 C_{20}、事故率 C_{21}、安全可靠度 C_{22}、损失率 C_{23}、温度湿度适应性 C_{24}、抗盐雾腐蚀性 C_{25}、抗风抗震抗噪性 C_{26}、内部电磁环境兼容性 C_{27}、外部电磁环境兼容性 C_{28}、隐蔽性 C_{29}、防护性 C_{30}、抢修性 C_{31}、标准化 C_{32}、互换性 C_{33}、可替代性 C_{34}、运输便捷性 C_{35}、运输方式 C_{36}、运输限制 C_{37}、舒适度 C_{38}、人员作业要求 C_{39}、安全危害程度 C_{40}、设施满足率 C_{41}、设施适用性 C_{42}、设施通用性 C_{43}、设备齐套率 C_{44}、设备适用性 C_{45}、设备通用性 C_{46}、储备定额 C_{47}、配套满足率 C_{48}、持续供应能力 C_{49}、人员数量 C_{50}、体制编制 C_{51}、专业技术水平 C_{52}、培训纲要水平 C_{53}、培训训练要求 C_{54}、训练保障能力 C_{55}、资料齐套率 C_{56}、资料适用性 C_{57}、资料标准性 C_{58}、供应能力 C_{59}、供应效率 C_{60}、供应管理 C_{61}、审核发放 C_{62}、标准配额 C_{63}、管理使用 C_{64}、覆盖率适用率 C_{65}、自动化网络化 C_{66}、实时性准确性 C_{67}、系统环境要求 C_{68}、软件资料 C_{69}、计算机安全性 C_{70}、包装包裹 C_{71}、贮存储放 C_{72}、装载卸载 C_{73}、运载输送 C_{74} 等 74 个评估指标。

"系统可信性 B_4"包括任务可靠度 C_4、任务成功度 C_5 等 2 个评估指标,构建比较判断矩阵,如表 11.5 所示。

表 11.5　B_4 所属指标比较判断矩阵表

系统可信性 B_4	任务可靠度 C_4	任务成功度 C_5
任务可靠度 C_4	1	2
任务成功度 C_5	1/2	1

"任务出动率 B_5"包括按计划出动率 C_6、听召唤出动率 C_7 等 2 个评估指标,构建比较判断矩阵,如表 11.6 所示。

表 11.6　B_5 所属指标比较判断矩阵表

任务出动率 B_5	按计划出动率 C_6	听召唤出动率 C_7
按计划出动率 C_6	1	1/3
听召唤出动率 C_7	3	1

"寿命周期费用 B_6"包括论证研制费用 C_8、采办购置费用 C_9、使用保障费用 C_{10}、退役处置费用 C_{11} 等 4 个评估指标,构建比较判断矩阵,如表 11.7 所示。

"可靠性 B_7"包括使用寿命 C_{12}、平均故障间隔时间 C_{13}、平均致命性故障间隔时间 C_{14} 等 3 个评估指标,构建比较判断矩阵,如表 11.8 所示。

表 11.7　B_6 所属指标比较判断矩阵表

寿命周期费用 B_6	论证研制费用 C_8	采办购置费用 C_9	使用保障费用 C_{10}	退役处置费用 C_{11}
论证研制费用 C_8	1	3	1/5	5
采办购置费用 C_9	1/3	1	1/3	5
使用保障费用 C_{10}	5	3	1	7
退役处置费用 C_{11}	1/5	1/5	1/7	1

表 11.8　B_7 所属指标比较判断矩阵表

可靠性 B_7	使用寿命 C_{12}	平均故障间隔时间 C_{13}	平均致命性故障间隔时间 C_{14}
使用寿命 C_{12}	1	1/5	1/3
平均故障间隔时间 C_{13}	5	1	1/3
平均致命性故障间隔时间 C_{14}	3	3	1

"维修性 B_8"包括平均修复时间 C_{15}、平均维修时间 C_{16}、维修停机时间 C_{17} 等 3 个评估指标,构建比较判断矩阵,如表 11.9 所示。

表 11.9　B_8 所属指标比较判断矩阵表

维修性 B_8	平均修复时间 C_{15}	平均维修时间 C_{16}	维修停机时间 C_{17}
平均修复时间 C_{15}	1	3	5
平均维修时间 C_{16}	1/3	1	3
维修停机时间 C_{17}	1/5	1/3	1

"测试性 B_9"包括故障检测率 C_{18}、故障隔离率 C_{19}、故障虚警率 C_{20} 等 3 个评估指标,构建比较判断矩阵,如表 11.10 所示。

表 11.10　B_9 所属指标比较判断矩阵表

维修性 B_9	故障检测率 C_{18}	故障隔离率 C_{19}	故障虚警率 C_{20}
故障检测率 C_{18}	1	1/3	4
故障隔离率 C_{19}	3	1	6
故障虚警率 C_{20}	1/4	1/6	1

"安全性 B_{10}"包括事故率 C_{21}、安全可靠度 C_{22}、损失率 C_{23} 等 3 个评估指标,构建比较判断矩阵,如表 11.11 所示。

表 11.11　B_{10} 所属指标比较判断矩阵表

安全性 B_{10}	事故率 C_{21}	安全可靠度 C_{22}	损失率 C_{23}
事故率 C_{21}	1	3	5
安全可靠度 C_{22}	1/3	1	3
损失率 C_{23}	1/5	1/3	1

"环境适应性 B_{11}" 包括温度湿度适应性 C_{24}、抗盐雾腐蚀性 C_{25}、抗风抗震抗噪性 C_{26} 等 3 个评估指标,构建比较判断矩阵,如表 11.12 所示。

表 11.12　B_{11} 所属指标比较判断矩阵表

环境适应性 B_{11}	温度湿度适应性 C_{24}	抗盐雾腐蚀性 C_{25}	抗风抗震抗噪性 C_{26}
温度湿度适应性 C_{24}	1	2	1/2
抗盐雾腐蚀性 C_{25}	1/2	1	1/3
抗风抗震抗噪性 C_{26}	2	3	1

"电磁兼容性 B_{12}" 包括内部电磁环境兼容性 C_{27}、外部电磁环境兼容性 C_{28} 等 2 个评估指标,构建比较判断矩阵,如表 11.13 所示。

表 11.13　B_{12} 所属指标比较判断矩阵表

电磁兼容性 B_{12}	内部电磁环境兼容性 C_{27}	外部电磁环境兼容性 C_{28}
内部电磁环境兼容性 C_{27}	1	2
外部电磁环境兼容性 C_{28}	1/2	1

"生存性 B_{13}" 包括隐蔽性 C_{29}、防护性 C_{30}、抢修性 C_{31} 等 3 个评估指标,构建比较判断矩阵,如表 11.14 所示。

表 11.14　B_{13} 所属指标比较判断矩阵表

生存性 B_{13}	隐蔽性 C_{29}	防护性 C_{30}	抢修性 C_{31}
隐蔽性 C_{29}	1	1/3	1/5
防护性 C_{30}	3	1	1/3
抢修性 C_{31}	5	3	1

"通用性 B_{14}" 包括标准化 C_{32}、互换性 C_{33}、可替代性 C_{34} 等 3 个评估指标,构建比较判断矩阵,如表 11.15 所示。

表 11.15　B_{14} 所属指标比较判断矩阵表

通用性 B_{14}	标准化 C_{32}	互换性 C_{33}	可替代性 C_{34}
标准化 C_{32}	1	3	5
互换性 C_{33}	1/3	1	3
可替代性 C_{34}	1/5	1/3	1

"运输性 B_{15}"包括运输便捷性 C_{35}、运输方式 C_{36}、运输限制 C_{37} 等 3 个评估指标,构建比较判断矩阵,如表 11.16 所示。

表 11.16　B_{15} 所属指标比较判断矩阵表

运输性 B_{15}	运输便捷性 C_{35}	运输方式 C_{36}	运输限制 C_{37}
运输便捷性 C_{35}	1	5	3
运输方式 C_{36}	1/5	1	1/3
运输限制 C_{37}	1/3	3	1

"人素工程特性 B_{16}"包括舒适度 C_{38}、人员作业要求 C_{39}、安全危害程度 C_{40} 等 3 个评估指标,构建比较判断矩阵,如表 11.17 所示。

表 11.17　B_{16} 所属指标比较判断矩阵表

人素工程特性 B_{16}	舒适度 C_{38}	人员作业要求 C_{39}	安全危害程度 C_{40}
舒适度 C_{38}	1	1/4	1/5
人员作业要求 C_{39}	4	1	1/3
安全危害程度 C_{40}	5	3	1

"保障设施 B_{17}"包括设施满足率 C_{41}、设施适用性 C_{42}、设施通用性 C_{43} 等 3 个评估指标,构建比较判断矩阵,如表 11.18 所示。

表 11.18　B_{17} 所属指标比较判断矩阵表

保障设施 B_{17}	设施满足率 C_{41}	设施适用性 C_{42}	设施通用性 C_{43}
设施满足率 C_{41}	1	2	5
设施适用性 C_{42}	1/2	1	5
设施通用性 C_{43}	1/5	1/5	1

"保障设备 B_{18}"包括设备齐套率 C_{44}、设备适用性 C_{45}、设备通用性 C_{46} 等 3 个评估指标,构建比较判断矩阵,如表 11.19 所示。

表 11.19 B_{18} 所属指标比较判断矩阵表

保障设备 B_{18}	设备齐套率 C_{44}	设备适用性 C_{45}	设备通用性 C_{46}
设备齐套率 C_{44}	1	3	6
设备适用性 C_{45}	1/3	1	6
设备通用性 C_{46}	1/6	1/6	1

"备品备件 B_{19}"包括储备定额 C_{47}、配套满足率 C_{48}、持续供应能力 C_{49} 等 3 个评估指标,构建比较判断矩阵,如表 11.20 所示。

表 11.20 B_{19} 所属指标比较判断矩阵表

备品备件 B_{19}	储备定额 C_{47}	配套满足率 C_{48}	持续供应能力 C_{49}
储备定额 C_{47}	1	2	6
配套满足率 C_{48}	1/2	1	5
持续供应能力 C_{49}	1/6	1/5	1

"人力人员 B_{20}"包括人员数量 C_{50}、体制编制 C_{51}、专业技术水平 C_{52} 等 3 个评估指标,构建比较判断矩阵,如表 11.21 所示。

表 11.21 B_{20} 所属指标比较判断矩阵表

人力人员 B_{20}	人员数量 C_{50}	体制编制 C_{51}	专业技术水平 C_{52}
人员数量 C_{50}	1	7	3
体制编制 C_{51}	1/7	1	1/5
专业技术水平 C_{52}	1/3	5	1

"培训训练 B_{21}"包括培训纲要水平 C_{53}、培训训练要求 C_{54}、训练保障能力 C_{55} 等 3 个评估指标,构建比较判断矩阵,如表 11.22 所示。

表 11.22 B_{21} 所属指标比较判断矩阵表

培训训练 B_{21}	培训纲要水平 C_{53}	培训训练要求 C_{54}	训练保障能力 C_{55}
培训纲要水平 C_{53}	1	1/5	2
培训训练要求 C_{54}	5	1	1/7
训练保障能力 C_{55}	1/2	7	1

"技术资料 B_{22}"包括资料齐套率 C_{56}、资料适用性 C_{57}、资料标准性 C_{58} 等 3 个评估指标,构建比较判断矩阵,如表 11.23 所示。

表 11.23 B_{22} 所属指标比较判断矩阵表

技术资料 B_{22}	资料齐套率 C_{56}	资料适用性 C_{57}	资料标准性 C_{58}
资料齐套率 C_{56}	1	2	5
资料适用性 C_{57}	1/2	1	6
资料标准性 C_{58}	1/5	1/6	1

"物流调配 B_{23}" 包括供应能力 C_{59}、供应效率 C_{60}、供应管理 C_{61} 等 3 个评估指标,构建比较判断矩阵,如表 11.24 所示。

表 11.24 B_{23} 所属指标比较判断矩阵表

物流调配 B_{23}	供应能力 C_{59}	供应效率 C_{60}	供应管理 C_{61}
供应能力 C_{59}	1	3	5
供应效率 C_{60}	1/3	1	7
供应管理 C_{61}	1/5	1/7	1

"经费支持 B_{24}" 包括审核发放 C_{62}、标准配额 C_{63}、管理使用 C_{64} 等 3 个评估指标,构建比较判断矩阵,如表 11.25 所示。

表 11.25 B_{24} 所属指标比较判断矩阵表

经费支持 B_{24}	审核发放 C_{62}	标准配额 C_{63}	管理使用 C_{64}
审核发放 C_{62}	1	1/3	1/5
标准配额 C_{63}	3	1	1/3
管理使用 C_{64}	5	3	1

"信息系统 B_{25}" 包括覆盖率适用率 C_{65}、自动化网络化 C_{66}、实时性准确性 C_{67} 等 3 个评估指标,构建比较判断矩阵,如表 11.26 所示。

表 11.26 B_{25} 所属指标比较判断矩阵表

信息系统 B_{25}	覆盖率适用率 C_{65}	自动化网络化 C_{66}	实时性准确性 C_{67}
覆盖率适用率 C_{65}	1	7	3
自动化网络化 C_{66}	1/7	1	1/6
实时性准确性 C_{67}	1/3	6	1

"计算机资源 B_{26}" 包括系统环境要求 C_{68}、软件资料 C_{69}、计算机安全性 C_{70} 等 3 个评估指标,构建比较判断矩阵,如表 11.27 所示。

表 11.27 B_{26} 所属指标比较判断矩阵表

计算机资源 B_{26}	系统环境要求 C_{68}	软件资料 C_{69}	计算机安全性 C_{70}
系统环境要求 C_{68}	1	1/5	1/3
软件资料 C_{69}	5	1	5
计算机安全性 C_{70}	3	1/5	1

"包装、贮存、运输、装卸等保障 B_{27}" 包括包装包裹 C_{71}、贮存储放 C_{72}、装载卸载 C_{73}、运载输送 C_{74} 等 4 个评估指标,构建比较判断矩阵,如表 11.28 所示。

表 11.28 B_{27} 所属指标比较判断矩阵表

包装贮存运输装卸等保障 B_{27}	包装包裹 C_{71}	贮存储放 C_{72}	装载卸载 C_{73}	运载输送 C_{74}
包装包裹 C_{71}	1	1/2	1/2	1/3
贮存储放 C_{72}	2	1	1/2	1/3
装载卸载 C_{73}	2	2	1	1/2
运载输送 C_{74}	3	3	2	1

根据式(4.19),可将比较判断矩阵进行计算转化,得到 AHM 属性判断矩阵 $\boldsymbol{A}^{*}$。

由表 11.1,可得评估目标"雷达装备保障性 U"的 AHM 属性判断矩阵为

$$\boldsymbol{A}_{U}^{*} = \begin{bmatrix} 0.0000 & 0.8571 & 0.9091 \\ 0.1429 & 0.0000 & 0.8571 \\ 0.0909 & 0.1429 & 0.0000 \end{bmatrix}$$

由表 11.2,可得"战备完好性及保障性综合参数 A_1"的 AHM 属性判断矩阵为

$$\boldsymbol{A}_{A_1}^{*} = \begin{bmatrix} 0.0000 & 0.8889 & 0.8571 & 0.9091 & 0.9412 & 0.9412 \\ 0.1111 & 0.0000 & 0.1111 & 0.1429 & 0.8889 & 0.9412 \\ 0.1429 & 0.8889 & 0.0000 & 0.8571 & 0.9333 & 0.9412 \\ 0.0909 & 0.8571 & 0.1429 & 0.0000 & 0.8889 & 0.9231 \\ 0.0588 & 0.1111 & 0.0667 & 0.1111 & 0.0000 & 0.1111 \\ 0.0588 & 0.0588 & 0.0588 & 0.0769 & 0.8889 & 0.0000 \end{bmatrix}$$

由表 11.3,可得"设计特性 A_2"的 AHM 属性判断矩阵为

$$A_{A_2}^* = \begin{bmatrix} 0.0000 & 0.8000 & 0.9333 & 0.8889 & 0.9412 & 0.9091 & 0.8571 & 0.9333 & 0.9412 & 0.9474 \\ 0.2000 & 0.0000 & 0.9091 & 0.8571 & 0.9333 & 0.9091 & 0.8571 & 0.9333 & 0.9333 & 0.9474 \\ 0.0667 & 0.0909 & 0.0000 & 0.1429 & 0.9091 & 0.8571 & 0.0909 & 0.9091 & 0.9091 & 0.9412 \\ 0.1111 & 0.1429 & 0.8571 & 0.0000 & 0.9333 & 0.9091 & 0.2000 & 0.9333 & 0.9333 & 0.9474 \\ 0.0588 & 0.0667 & 0.0909 & 0.0667 & 0.0000 & 0.1429 & 0.0667 & 0.8571 & 0.8000 & 0.9091 \\ 0.0909 & 0.0909 & 0.1429 & 0.0909 & 0.8571 & 0.0000 & 0.8571 & 0.9091 & 0.9333 & 0.9333 \\ 0.1429 & 0.1429 & 0.9091 & 0.8000 & 0.9333 & 0.1429 & 0.0000 & 0.8000 & 0.9091 & 0.9333 \\ 0.0667 & 0.0667 & 0.0909 & 0.0667 & 0.1429 & 0.0909 & 0.2000 & 0.0000 & 0.9091 & 0.9333 \\ 0.0588 & 0.0667 & 0.0909 & 0.0667 & 0.2000 & 0.0667 & 0.0909 & 0.0909 & 0.0000 & 0.1429 \\ 0.0526 & 0.0526 & 0.0588 & 0.0526 & 0.0909 & 0.0667 & 0.0667 & 0.0667 & 0.8571 & 0.0000 \end{bmatrix}$$

由表 11.5，可得"系统可信性 B_4"的 AHM 属性判断矩阵为

$$A_{B_4}^* = \begin{bmatrix} 0.0000 & 0.8000 \\ 0.2000 & 0.0000 \end{bmatrix}$$

由式(4.20)，则运用 AHM 法计算求得的评估指标权重如下：

以"战备完好性及保障性综合参数 A_1"相对于评估目标"雷达装备保障性 U"的相对属性权重为例：

$$W_{AU-A_1}' = \frac{2}{3 \times (3-1)} \times (0.0000 + 0.8571 + 0.9091) = 0.5887$$

即"战备完好性及保障性综合参数 A_1"相对于评估目标"雷达装备保障性 U"的相对属性权重为 $W_{AU-A_1}' = 0.5887$。

战备完好性及保障性综合参数 A_1、设计特性 A_2、计划保障资源 A_3 等 3 个评估指标相对于评估目标"雷达装备保障性 U"的相对属性权重，如表 11.29 所示。

表 11.29　W_{AU}' 相对属性权重值

W_{AU}'	相对属性权重值
W_{AU-A_1}'	0.5887
W_{AU-A_2}'	0.3333
W_{AU-A_3}'	0.0779

据表 11.29 整理可得相对属性权重组合向量为

$$W_{AU}' = [0.5887, 0.3333, 0.0779]$$

战备完好率 B_1、任务持续能力 B_2、系统可用度 B_3、系统可信性 B_4、任务出动率 B_5、寿命周期费用 B_6 等 6 个评估指标相对于"战备完好性及保障性综合参数 A_1"的相对属性权重，如表 11.30 所示。

表 11.30 W'_{BA_1} 相对属性权重表

W'_{BA_1}	相对属性权重值	W'_{BA_1}	相对属性权重值
$W'_{BA_1-B_1}$	0.3025	$W'_{BA_1-B_4}$	0.1935
$W'_{BA_1-B_2}$	0.1463	$W'_{BA_1-B_5}$	0.0306
$W'_{BA_1-B_3}$	0.2509	$W'_{BA_1-B_6}$	0.0762

据表 11.30 整理可得相对属性权重组合向量为

$$W'_{BA_1} = [0.3025, 0.1463, 0.2509, 0.1935, 0.0306, 0.0762]$$

可靠性 B_7、维修性 B_8、测试性 B_9、安全性 B_{10}、环境适应性 B_{11}、电磁兼容性 B_{12}、生存性 B_{13}、通用性 B_{14}、运输性 B_{15}、人素工程特性 B_{16} 等 10 个评估指标相对于"设计特性 A_2"的相对属性权重,如表 11.31 所示。

表 11.31 W'_{BA_2} 相对属性权重表

W'_{BA_2}	相对属性权重值	W'_{BA_2}	相对属性权重值
$W'_{BA_2-B_7}$	0.1811	$W'_{BA_2-B_{12}}$	0.1090
$W'_{BA_2-B_8}$	0.1662	$W'_{BA_2-B_{13}}$	0.1270
$W'_{BA_2-B_9}$	0.1093	$W'_{BA_2-B_{14}}$	0.0570
$W'_{BA_2-B_{10}}$	0.1326	$W'_{BA_2-B_{15}}$	0.0194
$W'_{BA_2-B_{11}}$	0.0680	$W'_{BA_2-B_{16}}$	0.0303

据表 11.31 整理可得相对属性权重组合向量为

$$W'_{BA_2} = [0.1811, 0.1662, 0.1093, 0.1326, 0.0680, 0.1090,$$
$$0.1270, 0.0570, 0.0194, 0.0303]$$

保障设施 B_{17}、保障设备 B_{18}、备品备件 B_{19}、人力人员 B_{20}、培训训练 B_{21}、技术资料 B_{22}、物流调配 B_{23}、经费支持 B_{24}、信息系统 B_{25}、计算机资源 B_{26}、包装贮存装卸运输 B_{27} 等 11 个评估指标相对于"计划保障资源 B_3"的相对属性权重,如表 11.32 所示。

表 11.32　W'_{BA_3} 相对属性权重表

W'_{BA_3}	相对属性权重值	W'_{BA_3}	相对属性权重值
$W'_{BA_3-B_{17}}$	0.1348	$W'_{BA_3-B_{23}}$	0.0751
$W'_{BA_3-B_{18}}$	0.1200	$W'_{BA_3-B_{24}}$	0.0369
$W'_{BA_3-B_{19}}$	0.0907	$W'_{BA_3-B_{25}}$	0.0317
$W'_{BA_3-B_{20}}$	0.1660	$W'_{BA_3-B_{26}}$	0.1046
$W'_{BA_3-B_{21}}$	0.0462	$W'_{BA_3-B_{27}}$	0.0441
$W'_{BA_3-B_{22}}$	0.1498		

据表 11.32 整理可得相对属性权重组合向量为

$$W'_{BA_3} = [0.1348, 0.1200, 0.0907, 0.1660, 0.0462, 0.1498, 0.0751,$$
$$0.0369, 0.0317, 0.1046, 0.0441]$$

任务可靠度 C_4、任务成功度 C_5 等 2 个评估指标相对于"系统可信性 B_4"的相对属性权重,如表 11.33 所示。

表 11.33　W'_{CB_4} 相对属性权重表

W'_{CB_4}	相对属性权重值
$W'_{CB_4-C_4}$	0.8000
$W'_{CB_4-C_5}$	0.2000

据表 11.33 整理可得相对属性权重组合向量为

$$W'_{CB_4} = [0.8000, 0.2000]$$

按计划出动率 C_6、听召唤出动率 C_7 等 2 个评估指标相对于"任务出动率 B_5"的相对属性权重,如表 11.34 所示。

表 11.34　W'_{CB_5} 相对权重值相对属性权重表

W'_{CB_5}	相对属性权重值
$W'_{CB_5-C_6}$	0.1429
$W'_{CB_5-C_7}$	0.8571

据表 11.34 整理可得相对属性权重组合向量为

$$W'_{CB_4} = [0.1429, 0.8571]$$

论证研制费用 C_8、采办购置费用 C_9、使用保障费用 C_{10}、退役处置费用 C_{11}

153

等 4 个评估指标相对于"寿命周期费用 B_6"的相对属性权重,如表 11.35 所示。

表 11.35　W'_{CB_6} 相对属性权重表

W'_{CB_6}	相对属性权重值	W'_{CB_6}	相对属性权重值
$W'_{CB_6-C_8}$	0.3095	$W'_{CB_6-C_{10}}$	0.4499
$W'_{CB_6-C_9}$	0.1991	$W'_{CB_6-C_{11}}$	0.0414

据表 11.35 整理可得相对属性权重组合向量为
$$W'_{CB_6} = [0.3095, 0.1991, 0.4499, 0.0414]$$

使用寿命 C_{12}、平均故障间隔时间 C_{13}、平均致命性故障间隔时间 C_{14} 等 3 个评估指标相对于"可靠性 B_7"的相对属性权重,如表 11.36 所示。

表 11.36　W'_{CB_7} 相对属性权重表

W'_{CB_7}	相对属性权重值
$W'_{CB_7-C_{12}}$	0.0779
$W'_{CB_7-C_{13}}$	0.3506
$W'_{CB_7-C_{14}}$	0.5714

据表 11.36 整理可得相对属性权重组合向量为
$$W'_{CB_7} = [0.0779, 0.3506, 0.5714]$$

平均修复时间 C_{15}、平均维修时间 C_{16}、维修停机时间率 C_{17} 等 3 个评估指标相对于"维修性 B_8"的相对属性权重,如表 11.37 所示。

表 11.37　W'_{CB_8} 相对属性权重表

W'_{CB_8}	相对属性权重值
$W'_{CB_8-C_{15}}$	0.5887
$W'_{CB_8-C_{16}}$	0.3333
$W'_{CB_8-C_{17}}$	0.0779

据表 11.37 整理可得相对属性权重组合向量为
$$W'_{CB_8} = [0.5887, 0.3333, 0.0779]$$

故障检测率 C_{18}、故障隔离率 C_{19}、故障虚警率 C_{20} 等 3 个评估指标相对于"测试性 B_9"的相对属性权重,如表 11.38 所示。

表 11.38　W'_{CB_9} 相对属性权重表

W'_{CB_9}	相对属性权重值
$W'_{CB_9-C_{18}}$	0.3439
$W'_{CB_9-C_{19}}$	0.5934
$W'_{CB_9-C_{20}}$	0.0627

据表 11.38 整理可得相对属性权重组合向量为

$$W'_{CB_9} = [0.3439, 0.5934, 0.0627]$$

事故率 C_{21}、安全可靠度 C_{22}、损失率 C_{23} 等 3 个评估指标相对于"安全性 B_{10}"的相对属性权重,如表 11.39 所示。

表 11.39　$W'_{CB_{10}}$ 相对属性权重表

$W'_{CB_{10}}$	相对属性权重值
$W'_{CB_{10}-C_{21}}$	0.5887
$W'_{CB_{10}-C_{22}}$	0.3333
$W'_{CB_{10}-C_{23}}$	0.0779

据表 11.39 整理可得相对属性权重组合向量为

$$W'_{CB_{10}} = [0.5887, 0.3333, 0.0779]$$

温度湿度适应性 C_{24}、抗盐雾腐蚀性 C_{25}、抗风抗震抗噪性 C_{26} 等 3 个评估指标相对于"环境适应性 B_{11}"的相对属性权重,如表 11.40 所示。

表 11.40　$W'_{CB_{11}}$ 相对属性权重表

$W'_{CB_{11}}$	相对属性权重值
$W'_{CB_{11}-C_{24}}$	0.3333
$W'_{CB_{11}-C_{25}}$	0.1143
$W'_{CB_{11}-C_{26}}$	0.5524

据表 11.40 整理可得相对属性权重组合向量为

$$W'_{CB_{11}} = [0.3333, 0.1143, 0.5524]$$

内部电磁环境兼容性 C_{27}、外部电磁环境兼容性 C_{28} 等 2 个评估指标相对于"电磁兼容性 B_{12}"的相对属性权重,如表 11.41 所示。

表 11.41 $\boldsymbol{W}'_{CB_{12}}$ 相对属性权重表

$\boldsymbol{W}'_{CB_{12}}$	相对属性权重值
$W'_{CB_{12}-C_{27}}$	0.8000
$W'_{CB_{12}-C_{28}}$	0.2000

据表 11.41 整理可得相对属性权重组合向量为

$$\boldsymbol{W}'_{CB_{12}} = [0.8000, 0.2000]$$

隐蔽性 C_{29}、防护性 C_{30}、抢修性 C_{31} 等 3 个评估指标相对于"生存性 B_{13}"的相对属性权重,如表 11.42 所示。

表 11.42 $\boldsymbol{W}'_{CB_{13}}$ 相对属性权重表

$\boldsymbol{W}'_{CB_{13}}$	相对属性权重值
$W'_{CB_{13}-C_{29}}$	0.0779
$W'_{CB_{13}-C_{30}}$	0.3333
$W'_{CB_{13}-C_{31}}$	0.5887

据表 11.42 整理可得相对属性权重组合向量为

$$\boldsymbol{W}'_{CB_{13}} = [0.0779, 0.3333, 0.5887]$$

标准化 C_{32}、互换性 C_{33}、可替代性 C_{34} 等 3 个评估指标相对于"通用性 B_{14}"的相对属性权重,如表 11.43 所示。

表 11.43 $\boldsymbol{W}'_{CB_{14}}$ 相对属性权重表

$\boldsymbol{W}'_{CB_{14}}$	相对属性权重值
$W'_{CB_{14}-C_{32}}$	0.5887
$W'_{CB_{14}-C_{33}}$	0.3333
$W'_{CB_{14}-C_{34}}$	0.0779

据表 11.43 整理可得相对属性权重组合向量为

$$\boldsymbol{W}'_{CB_{14}} = [0.5887, 0.3333, 0.0779]$$

运输便捷性 C_{35}、运输方式 C_{36}、运输限制 C_{37} 等 3 个评估指标相对于"运输性 B_{15}"的相对属性权重,如表 11.44 所示。

表 11.44　$\boldsymbol{W}'_{CB_{15}}$ 相对属性权重表

$\boldsymbol{W}'_{CB_{15}}$	相对属性权重值
$W'_{CB_{15}-C_{35}}$	0.5887
$W'_{CB_{15}-C_{36}}$	0.3333
$W'_{CB_{15}-C_{37}}$	0.0779

据表 11.44 整理可得相对属性权重组合向量为

$$\boldsymbol{W}'_{CB_{15}} = [0.5887, 0.3333, 0.0779]$$

舒适度 C_{38}、人员作业要求 C_{39}、安全危害程度 C_{40} 等 3 个评估指标相对于"人素工程特性 B_{16}"的相对属性权重,如表 11.45 所示。

表 11.45　$\boldsymbol{W}'_{CB_{16}}$ 相对属性权重表

$\boldsymbol{W}'_{CB_{16}}$	相对属性权重值
$W'_{CB_{16}-C_{38}}$	0.0673
$W'_{CB_{16}-C_{39}}$	0.3439
$W'_{CB_{16}-C_{40}}$	0.5887

据表 11.45 整理可得相对属性权重组合向量为

$$\boldsymbol{W}'_{CB_{16}} = [0.0673, 0.3439, 0.5887]$$

设施满足率 C_{41}、设施适用性 C_{42}、设施通用性 C_{43} 等 3 个评估指标相对于"保障设施 B_{17}"的相对属性权重,如表 11.46 所示。

表 11.46　$\boldsymbol{W}'_{CB_{17}}$ 相对属性权重表

$\boldsymbol{W}'_{CB_{17}}$	相对属性权重值
$W'_{CB_{17}-C_{41}}$	0.5697
$W'_{CB_{17}-C_{42}}$	0.3697
$W'_{CB_{17}-C_{43}}$	0.0606

据表 11.46 整理可得相对属性权重组合向量为

$$\boldsymbol{W}'_{CB_{17}} = [0.5697, 0.3697, 0.0606]$$

设备齐套率 C_{44}、设备适用性 C_{45}、设备通用性 C_{46} 等 3 个评估指标相对于"保障设备 B_{18}"的相对属性权重,如表 11.47 所示。

表 11.47　$W'_{CB_{18}}$ 相对属性权重表

$W'_{CB_{18}}$	相对属性权重值
$W'_{CB_{18}-C_{44}}$	0.5934
$W'_{CB_{18}-C_{45}}$	0.3553
$W'_{CB_{18}-C_{46}}$	0.0513

据表 11.47 整理可得相对属性权重组合向量为
$$W'_{CB_{18}} = [\,0.5934,0.3553,0.0513\,]$$
储备定额 C_{47}、配套满足率 C_{48}、持续供应能力 C_{49} 等 3 个评估指标相对于"备品备件 B_{19}"的相对属性权重,如表 11.48 所示。

表 11.48　$W'_{CB_{19}}$ 相对属性权重表

$W'_{CB_{19}}$	相对属性权重值
$W'_{CB_{19}-C_{47}}$	0.5744
$W'_{CB_{19}-C_{48}}$	0.3697
$W'_{CB_{19}-C_{49}}$	0.0559

据表 11.48 整理可得相对属性权重组合向量为
$$W'_{CB_{19}} = [\,0.5744,0.3697,0.0559\,]$$
人员数量 C_{50}、体制编制 C_{51}、专业技术水平 C_{52} 等 3 个评估指标相对于"人力人员 B_{20}"的相对属性权重,如表 11.49 所示。

表 11.49　$W'_{CB_{20}}$ 相对属性权重表

$W'_{CB_{20}}$	相对属性权重值
$W'_{CB_{20}-C_{50}}$	0.5968
$W'_{CB_{20}-C_{51}}$	0.0525
$W'_{CB_{20}-C_{52}}$	0.3506

据表 11.49 整理可得相对属性权重组合向量为
$$W'_{CB_{20}} = [\,0.5968,0.0525,0.3506\,]$$
培训纲要水平 C_{53}、培训训练要求 C_{54}、训练保障能力 C_{55} 等 3 个评估指标相对于"培训训练 B_{21}"的相对属性权重,如表 11.50 所示。

表 11.50　$\boldsymbol{W}'_{CB_{21}}$ 相对属性权重表

$\boldsymbol{W}'_{CB_{21}}$	相对属性权重值
$W'_{CB_{21}-C_{53}}$	0.2970
$W'_{CB_{21}-C_{54}}$	0.3253
$W'_{CB_{21}-C_{55}}$	0.3778

据表 11.50 整理可得相对属性权重组合向量为

$$\boldsymbol{W}'_{CB_{21}} = [0.2970, 0.3253, 0.3778]$$

资料齐套率 C_{56}、资料适用性 C_{57}、资料标准性 C_{58} 等 3 个评估指标相对于"技术资料 B_{22}"的相对属性权重,如表 11.51 所示。

表 11.51　$\boldsymbol{W}'_{CB_{22}}$ 相对属性权重表

$\boldsymbol{W}'_{CB_{22}}$	相对属性权重值
$W'_{CB_{22}-C_{56}}$	0.5697
$W'_{CB_{22}-C_{57}}$	0.3744
$W'_{CB_{22}-C_{58}}$	0.0559

据表 11.51 整理可得相对属性权重组合向量为

$$\boldsymbol{W}'_{CB_{22}} = [0.5697, 0.3744, 0.0559]$$

供应能力 C_{59}、供应效率 C_{60}、供应管理 C_{61} 等 3 个评估指标相对于"物流调配 B_{23}"的相对属性权重,如表 11.52 所示。

表 11.52　$\boldsymbol{W}'_{CB_{23}}$ 相对属性权重表

$\boldsymbol{W}'_{CB_{23}}$	相对属性权重值
$W'_{CB_{23}-C_{59}}$	0.5887
$W'_{CB_{23}-C_{60}}$	0.3587
$W'_{CB_{23}-C_{61}}$	0.0525

据表 11.52 整理可得相对属性权重组合向量为

$$\boldsymbol{W}'_{CB_{23}} = [0.5887, 0.3587, 0.0525]$$

审核发放 C_{62}、标准配额 C_{63}、管理使用 C_{64} 等 3 个评估指标相对于"经费支持 B_{24}"的相对属性权重,如表 11.53 所示。

表 11.53　$W'_{CB_{24}}$ 相对属性权重表

$W'_{CB_{24}}$	相对属性权重值
$W'_{CB_{24}-C_{62}}$	0.0779
$W'_{CB_{24}-C_{63}}$	0.3333
$W'_{CB_{24}-C_{64}}$	0.5887

据表 11.53 整理可得相对属性权重组合向量为

$$W'_{CB_{24}} = [0.0779, 0.3333, 0.5887]$$

覆盖率适用率 C_{65}、自动化网络化 C_{66}、实时性准确性 C_{67} 等 3 个评估指标相对于"信息系统 B_{25}"的相对属性权重,如表 11.54 所示。

表 11.54　$W'_{CB_{25}}$ 相对属性权重表

$W'_{CB_{25}}$	相对属性权重值
$W'_{CB_{25}-C_{65}}$	0.5968
$W'_{CB_{25}-C_{66}}$	0.0479
$W'_{CB_{25}-C_{67}}$	0.3553

据表 11.54 整理可得相对属性权重组合向量为

$$W'_{CB_{25}} = [0.5968, 0.0479, 0.3553]$$

系统环境要求 C_{68}、软件资料 C_{69}、计算机安全性 C_{70} 等 3 个评估指标相对于"计算机资源 B_{26}"的相对属性权重,如表 11.55 所示。

表 11.55　AHM 法 $W'_{CB_{26}}$ 相对权重值

$W'_{CB_{26}}$	相对属性权重值
$W'_{CB_{26}-C_{68}}$	0.0779
$W'_{CB_{26}-C_{69}}$	0.6061
$W'_{CB_{26}-C_{70}}$	0.3160

据表 11.55 整理可得相对属性权重组合向量为

$$W'_{CB_{26}} = [0.0779, 0.6061, 0.3160]$$

包装包裹 C_{71}、贮存储放 C_{72}、装载卸载 C_{73}、运载输送 C_{74} 等 4 个评估指标相对于"包装、贮存、运输、装卸等保障 B_{27}"的相对属性权重,如表 11.56 所示。

表 11.56　$W'_{CB_{27}}$ 相对属性权重表

$W'_{CB_{27}}$	相对属性权重值	$W'_{CB_{27}}$	相对属性权重值
$W'_{CB_{27}-C_{71}}$	0.0905	$W'_{CB_{27}-C_{73}}$	0.3000
$W'_{CB_{27}-C_{72}}$	0.1905	$W'_{CB_{27}-C_{74}}$	0.4190

据表 11.56 整理可得相对属性权重组合向量为

$$W'_{CB_{27}} = [0.0905, 0.1905, 0.3000, 0.4190]$$

根据式(4.21),战备完好率 C_1 相对于评估目标 U 的相对属性权重为

$$W_{AHM-C_1} = 0.5887 \times 0.3025 \times 1 = 0.1781$$

任务可靠度 C_4 相对于评估目标 U 的相对属性权重为

$$W_{AHM-C_4} = 0.5887 \times 0.1935 \times 0.8000 = 0.0911$$

运用 AHM 法计算求得的最底层三级指标 C 相对于评估目标 U 的相对属性权重,如表 11.57 所示。

表 11.57　三级指标 C 相对于评估目标 U 的相对属性权重表

W_{AHM}	相对属性权重值	W_{AHM}	相对属性权重值	W_{AHM}	相对属性权重值
W_{AHM-C_1}	0.1781	$W_{AHM-C_{26}}$	0.0125	$W_{AHM-C_{51}}$	0.0007
W_{AHM-C_2}	0.0862	$W_{AHM-C_{27}}$	0.0291	$W_{AHM-C_{52}}$	0.0045
W_{AHM-C_3}	0.1477	$W_{AHM-C_{28}}$	0.0073	$W_{AHM-C_{53}}$	0.0011
W_{AHM-C_4}	0.0911	$W_{AHM-C_{29}}$	0.0033	$W_{AHM-C_{54}}$	0.0012
W_{AHM-C_5}	0.0228	$W_{AHM-C_{30}}$	0.0141	$W_{AHM-C_{55}}$	0.0014
W_{AHM-C_6}	0.0026	$W_{AHM-C_{31}}$	0.0249	$W_{AHM-C_{56}}$	0.0067
W_{AHM-C_7}	0.0154	$W_{AHM-C_{32}}$	0.0112	$W_{AHM-C_{57}}$	0.0044
W_{AHM-C_8}	0.0139	$W_{AHM-C_{33}}$	0.0063	$W_{AHM-C_{58}}$	0.0007
W_{AHM-C_9}	0.0089	$W_{AHM-C_{34}}$	0.0015	$W_{AHM-C_{59}}$	0.0034
$W_{AHM-C_{10}}$	0.0202	$W_{AHM-C_{35}}$	0.0038	$W_{AHM-C_{60}}$	0.0021
$W_{AHM-C_{11}}$	0.0019	$W_{AHM-C_{36}}$	0.0005	$W_{AHM-C_{61}}$	0.0003
$W_{AHM-C_{12}}$	0.0047	$W_{AHM-C_{37}}$	0.0022	$W_{AHM-C_{62}}$	0.0002
$W_{AHM-C_{13}}$	0.0212	$W_{AHM-C_{38}}$	0.0007	$W_{AHM-C_{63}}$	0.0010
$W_{AHM-C_{14}}$	0.0345	$W_{AHM-C_{39}}$	0.0035	$W_{AHM-C_{64}}$	0.0017
$W_{AHM-C_{15}}$	0.0326	$W_{AHM-C_{40}}$	0.0060	$W_{AHM-C_{65}}$	0.0015
$W_{AHM-C_{16}}$	0.0185	$W_{AHM-C_{41}}$	0.0060	$W_{AHM-C_{66}}$	0.0001
$W_{AHM-C_{17}}$	0.0043	$W_{AHM-C_{42}}$	0.0039	$W_{AHM-C_{67}}$	0.0009
$W_{AHM-C_{18}}$	0.0125	$W_{AHM-C_{43}}$	0.0006	$W_{AHM-C_{68}}$	0.0006
$W_{AHM-C_{19}}$	0.0216	$W_{AHM-C_{44}}$	0.0055	$W_{AHM-C_{69}}$	0.0049
$W_{AHM-C_{20}}$	0.0023	$W_{AHM-C_{45}}$	0.0033	$W_{AHM-C_{70}}$	0.0026
$W_{AHM-C_{21}}$	0.0260	$W_{AHM-C_{46}}$	0.0005	$W_{AHM-C_{71}}$	0.0003
$W_{AHM-C_{22}}$	0.0147	$W_{AHM-C_{47}}$	0.0041	$W_{AHM-C_{72}}$	0.0007
$W_{AHM-C_{23}}$	0.0034	$W_{AHM-C_{48}}$	0.0026	$W_{AHM-C_{73}}$	0.0010
$W_{AHM-C_{24}}$	0.0076	$W_{AHM-C_{49}}$	0.0004	$W_{AHM-C_{74}}$	0.0014
$W_{AHM-C_{25}}$	0.0026	$W_{AHM-C_{50}}$	0.0077		

由表 11.57 整理可得出最底层三级指标 C 相对于评估目标 U 的相对属性权重组合向量为

W_{AHM} = [0.1781, 0.0862, 0.1477, 0.0911, 0.0228, 0.0026, 0.0154, 0.0139, 0.0089, 0.0202, 0.0019, 0.0047, 0.0212, 0.0345, 0.0326, 0.0185, 0.0043, 0.0125, 0.0216, 0.0023, 0.0260, 0.0147, 0.0034, 0.0076, 0.0026, 0.0125, 0.0291, 0.0073, 0.0033, 0.0141, 0.0249, 0.0112, 0.0063, 0.0015, 0.0038, 0.0005, 0.0022, 0.0007, 0.0035, 0.0060, 0.0060, 0.0039, 0.0006, 0.0055, 0.0033, 0.0005, 0.0041, 0.0026, 0.0004, 0.0077, 0.0007, 0.0045, 0.0011, 0.0012, 0.0014, 0.0067, 0.0044, 0.0007, 0.0034, 0.0021, 0.0003, 0.0002, 0.0010, 0.0017, 0.0015, 0.0001, 0.0009, 0.0006, 0.0049, 0.0026, 0.0003, 0.0007, 0.0010, 0.0014]。

11.1.2 运用改进 CRITIC 法计算指标权重

邀请某型雷达装备相关专家人员 30 人,根据图 3.4 雷达装备保障性评估指标体系,按照表 10.1 评分等级标准,对某型雷达装备保障性等级进行打分评定。

在进行某型雷达装备保障性等级评定时,专家根据某型雷达装备保障性实际情况以及专家自身技术水平、经验能力等,细化考虑各评估指标所包含的具体内容及统计计算,经考量权衡后进行综合评定,确定影响某型雷达装备保障性的各指标权重,结果合理,基本符合现实情况,即使存在一定的主观性,也可按某型雷达装备各指标重要程度确定权重顺序,避免指标权重与实际相背离的情况。

为尽量减少主观性对评估结果的影响,挑选各层级单位从事某型雷达装备相关工作的专家人员,专家人员组成结构显示了各单位所占比重,具体如图 11.1 所示。

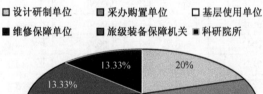

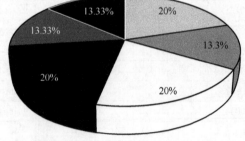

图 11.1 专家人员组成结构图

设计研制单位 6 人、采办购置单位 4 人、基层使用单位 6 人、维修保障单位 6 人、旅级装备保障机关 4 人、科研院所 4 人等,在质量上,确保专家的代表性、覆盖性;在数量上,邀请参与评定专家的人数达 30 人。在专家评定初步确定各评估指标等级的基础上,引入改进后的 CRITIC 法,对收集的原始数据进行计算处理,即可得到各评估指标的客观赋权结果,相比 AHM 法求得的权重结果,运用改进 CRITIC 法求得的权重更具客观性。

专家评定结果整理如表 11.58 所示,表中数据表示将某型雷达装备保障性的某一评估指标评定为某等级的专家人数。

表 11.58 某型雷达装备保障性等级评定表

评估目标 U	一级指标 A	二级指标 B	三级指标 C	评定等级				
				优秀	良好	一般	较差	极差
雷达装备保障性 U	战备完好性及保障性综合参数 A_1	B_1	C_1	6	20	3	1	0
		B_2	C_2	1	19	9	1	0
		B_3	C_3	6	18	6	0	0
		B_4	C_4	3	19	7	1	0
			C_5	2	16	11	1	0
		B_5	C_6	4	20	4	2	0
			C_7	2	19	7	2	0
		B_6	C_8	1	11	16	1	1
			C_9	1	20	7	1	1
			C_{10}	1	18	9	2	1
			C_{11}	1	11	10	6	2
	设计特性 A_2	B_7	C_{12}	6	17	5	2	0
			C_{13}	4	18	6	2	0
			C_{14}	5	20	3	2	0
		B_8	C_{15}	2	22	4	2	0
			C_{16}	3	20	5	2	0
			C_{17}	2	20	5	2	1
		B_9	C_{18}	2	18	6	3	1
			C_{19}	4	18	5	2	1
			C_{20}	2	18	5	2	3
		B_{10}	C_{21}	5	23	2	0	0
			C_{22}	3	24	3	0	0
			C_{23}	6	22	2	0	0

（续）

评估目标 U	一级指标 A	二级指标 B	三级指标 C	评定等级				
				优秀	良好	一般	较差	极差
雷达装备保障性 U	设计特性 A_2	B_{11}	C_{24}	1	19	6	2	2
			C_{25}	1	16	7	3	3
			C_{26}	1	17	7	3	2
		B_{12}	C_{27}	4	16	6	2	2
			C_{28}	1	15	10	2	2
		B_{13}	C_{29}	2	9	8	8	3
			C_{30}	2	8	5	4	2
			C_{31}	2	18	4	3	2
		B_{14}	C_{32}	3	18	6	2	1
			C_{33}	2	20	4	2	2
			C_{34}	2	14	8	3	3
		B_{15}	C_{35}	3	15	8	2	2
			C_{36}	4	18	4	3	1
			C_{37}	3	14	9	2	2
		B_{16}	C_{38}	0	6	18	6	0
			C_{39}	3	19	4	2	0
			C_{40}	7	21	2	0	0
	计划保障资源 A_3	B_{17}	C_{41}	1	20	6	2	1
			C_{42}	5	17	5	3	0
			C_{43}	10	15	2	3	0
		B_{18}	C_{44}	1	16	11	1	1
			C_{45}	7	19	2	1	1
			C_{46}	4	20	4	1	1
		B_{19}	C_{47}	2	18	8	1	1
			C_{48}	4	20	4	1	1
			C_{49}	0	19	7	2	2
		B_{20}	C_{50}	3	20	5	1	1
			C_{51}	2	22	2	2	2
			C_{52}	4	21	3	1	1
		B_{21}	C_{53}	3	18	5	2	2
			C_{54}	2	13	11	2	2
			C_{55}	2	17	8	2	1
		B_{22}	C_{56}	1	18	7	2	2
			C_{57}	7	15	4	3	1
			C_{58}	3	16	5	3	3

（续）

评估目标 U	一级指标 A	二级指标 B	三级指标 C	评定等级				
				优秀	良好	一般	较差	极差
雷达装备保障性 U	计算保障资源 A_3	B_{23}	C_{59}	2	15	11	1	1
			C_{60}	0	16	7	4	3
			C_{61}	0	13	6	6	5
		B_{24}	C_{62}	3	20	3	2	2
			C_{63}	2	17	7	3	1
			C_{64}	3	20	3	2	2
		B_{25}	C_{65}	0	6	16	4	4
			C_{66}	0	5	14	6	5
			C_{67}	0	4	13	9	4
		B_{26}	C_{68}	4	20	4	2	0
			C_{69}	1	19	5	3	2
			C_{70}	2	15	10	3	0
		B_{27}	C_{71}	2	17	6	3	2
			C_{72}	6	13	8	2	1
			C_{73}	2	18	7	1	2
			C_{74}	2	15	6	4	3

已明确表 11.58 中数据表示将某型雷达装备保障性的某一评估指标评定为某等级的专家人数,将其中各元素转化为某等级评定人数占总评定人数的百分比,提取表中数据,组成矩阵 $\boldsymbol{Y} = (y_{ij})_{m \times n}$:

$$\boldsymbol{Y} = \begin{bmatrix} 20.00\% & 3.33\% & \cdots & 6.67\% & 6.67\% \\ 66.67\% & 63.33\% & \cdots & 60.00\% & 50.00\% \\ 10.00\% & 30.00\% & \cdots & 23.33\% & 20.00\% \\ 3.33\% & 3.33\% & \cdots & 3.33\% & 13.33\% \\ 0.00\% & 0.00\% & \cdots & 6.67\% & 10.00\% \end{bmatrix}$$

将评估指标按效益型、成本型加以划分,根据式(4.13)、式(4.14),对矩阵 $\boldsymbol{Y}$ 进行处理,整理可得 $\boldsymbol{Y}' = (y'_{ij})_{m \times n}$:

$$\boldsymbol{Y}' = \begin{bmatrix} 0.3000 & 0.0526 & \cdots & 0.0588 & 0.0000 \\ 1.0000 & 1.0000 & \cdots & 1.0000 & 1.0000 \\ 0.1500 & 0.4737 & \cdots & 0.3529 & 0.3077 \\ 0.0500 & 0.0526 & \cdots & 0.0000 & 0.1538 \\ 0.0000 & 0.0000 & \cdots & 0.0588 & 0.0769 \end{bmatrix}$$

根据式（4.15），并选用评估数据中最优和最差数据代替 $\max(y_j')$ 和 $\min(y_j')$，取 $c=0.4, d=0.6$，对矩阵 Y 进行标准化处理，整理可得 $Y''=(y_{ij}'')_{m \times n}$：

$$Y''=\begin{bmatrix} 0.5800 & 0.4316 & \cdots & 0.4353 & 0.4000 \\ 1.0000 & 1.0000 & \cdots & 1.0000 & 1.0000 \\ 0.4900 & 0.6842 & \cdots & 0.6118 & 0.5846 \\ 0.4300 & 0.4316 & \cdots & 0.4000 & 0.4923 \\ 0.4000 & 0.4000 & \cdots & 0.4353 & 0.4462 \end{bmatrix}$$

根据式（4.24），计算某个评估指标的数据值在该指标数据值总和中的比重，组成矩阵 $P=(p_{ij})_{m \times n}$：

$$P=\begin{bmatrix} 0.2000 & 0.1464 & \cdots & 0.1510 & 0.1368 \\ 0.3448 & 0.3393 & \cdots & 0.3469 & 0.3421 \\ 0.1690 & 0.2321 & \cdots & 0.2122 & 0.2000 \\ 0.1483 & 0.1464 & \cdots & 0.1388 & 0.1684 \\ 0.1379 & 0.1357 & \cdots & 0.1510 & 0.1526 \end{bmatrix}$$

根据式（4.25），得到各评估指标的熵值：

$E=[0.9604, 0.9565, 0.9614, 0.9611, 0.9566, 0.9623, 0.9615, 0.9659,$
$0.9724, 0.9721, 0.9615, 0.9667, 0.9651, 0.9619, 0.9745, 0.9750, 0.9739,$
$0.9597, 0.9607, 0.9735, 0.9736, 0.9540, 0.9735, 0.9570, 0.9636, 0.9605,$
$0.9575, 0.9556, 0.9627, 0.9614, 0.9518, 0.9597, 0.9485, 0.9591, 0.9550,$
$0.9618, 0.9693, 0.9614, 0.9751, 0.9732, 0.9540, 0.9681, 0.9630, 0.9473,$
$0.9545, 0.9558, 0.9545, 0.9558, 0.9615, 0.9553, 0.9440, 0.9538, 0.9533,$
$0.9600, 0.9577, 0.9577, 0.9663, 0.9496, 0.9500, 0.9686, 0.9752, 0.9491,$
$0.9605, 0.9491, 0.9700, 0.9738, 0.9706, 0.9751, 0.9584, 0.9630, 0.9546,$
$0.9659, 0.9577, 0.9618]$

根据式（4.26），得到各评估指标差异系数：

$g=[0.0396, 0.0435, 0.0386, 0.0389, 0.0434, 0.0377, 0.0385, 0.0341,$
$0.0276, 0.0279, 0.0385, 0.0333, 0.0349, 0.0381, 0.0255, 0.0250, 0.0261,$
$0.0403, 0.0393, 0.0265, 0.0264, 0.0460, 0.0265, 0.0430, 0.0364, 0.0395,$
$0.0425, 0.0444, 0.0373, 0.0386, 0.0482, 0.0403, 0.0515, 0.0409, 0.0450,$
$0.0382, 0.0307, 0.0386, 0.0249, 0.0268, 0.0460, 0.0319, 0.0370, 0.0527,$
$0.0455, 0.0442, 0.0455, 0.0442, 0.0385, 0.0447, 0.0560, 0.0462, 0.0467,$
$0.0400, 0.0423, 0.0423, 0.0337, 0.0504, 0.0500, 0.0314, 0.0248, 0.0509,$
$0.0395, 0.0509, 0.0300, 0.0262, 0.0294, 0.0249, 0.0416, 0.0370, 0.0454,$
$0.0341, 0.0423, 0.0382]$

求出第 i 个评估指标与第 j 个评估指标间的相关系数 γ_{ij},对 γ_{ij} 取绝对值处理,根据式(4.27),得到各评估指标与其余指标间的冲突系数:

$V_j = [\,0.0396, 0.0435, 0.0386, 0.0389, 0.0434, 0.0377, 0.0385, 0.0341,$
$0.0276, 0.0279, 0.0385, 0.0333, 0.0349, 0.0381, 0.0255, 0.0250, 0.0261,$
$0.0403, 0.0393, 0.0265, 0.0264, 0.0460, 0.0265, 0.0430, 0.0364, 0.0395,$
$0.0425, 0.0444, 0.0373, 0.0386, 0.0482, 0.0403, 0.0515, 0.0409, 0.0450,$
$0.0382, 0.0307, 0.0386, 0.0249, 0.0268, 0.0460, 0.0319, 0.0370, 0.0527,$
$0.0455, 0.0442, 0.0455, 0.0442, 0.0385, 0.0447, 0.0560, 0.0462, 0.0467,$
$0.0400, 0.0423, 0.0423, 0.0337, 0.0504, 0.0500, 0.0314, 0.0248, 0.0509,$
$0.0395, 0.0509, 0.0300, 0.0262, 0.0294, 0.0249, 0.0416, 0.0370, 0.0454,$
$0.0341, 0.0423, 0.0382\,]$

根据式(4.28),得到各评估指标所含信息量:

$T_j = [\,0.4013, 0.3110, 0.3641, 0.2648, 0.4447, 0.3040, 0.2528, 0.9854,$
$0.1858, 0.1923, 0.7491, 0.3132, 0.2524, 0.3569, 0.1946, 0.1800, 0.1859,$
$0.2750, 0.2923, 0.2075, 0.2577, 0.3806, 0.2791, 0.3086, 0.2812, 0.2820,$
$0.2987, 0.4402, 1.0856, 0.3875, 0.3934, 0.2705, 0.4140, 0.3234, 0.3267,$
$0.3145, 0.2677, 2.0002, 0.1905, 0.3113, 0.3171, 0.2708, 0.7916, 0.5468,$
$0.5572, 0.3595, 0.3139, 0.3595, 0.2842, 0.3249, 0.5415, 0.4081, 0.3410,$
$0.5435, 0.2885, 0.2964, 0.4085, 0.3806, 0.5568, 0.2849, 0.4083, 0.4528,$
$0.2629, 0.4528, 1.5659, 1.4713, 1.6829, 0.2004, 0.3225, 0.3606, 0.3135,$
$0.3949, 0.2964, 0.2884\,]$

根据式(4.29),可得出最底层三级指标 C 相对于评估目标 U 的改进 CRITIC 法权重,组成组合向量:

$W_{\text{I-CRITIC}} = [\,0.0125, 0.0097, 0.0113, 0.0082, 0.0138, 0.0094, 0.0079,$
$0.0306, 0.0058, 0.0060, 0.0233, 0.0097, 0.0078, 0.0111, 0.0060, 0.0056,$
$0.0058, 0.0085, 0.0091, 0.0064, 0.0080, 0.0118, 0.0087, 0.0096, 0.0087,$
$0.0088, 0.0093, 0.0137, 0.0337, 0.0120, 0.0122, 0.0084, 0.0129, 0.0101,$
$0.0102, 0.0098, 0.0083, 0.0622, 0.0059, 0.0097, 0.0099, 0.0084, 0.0246,$
$0.0170, 0.0173, 0.0112, 0.0098, 0.0112, 0.0088, 0.0101, 0.0168, 0.0127,$
$0.0106, 0.0169, 0.0090, 0.0092, 0.0127, 0.0118, 0.0173, 0.0089, 0.0127,$
$0.0141, 0.0082, 0.0141, 0.0487, 0.0457, 0.0523, 0.0062, 0.0100, 0.0112,$
$0.0097, 0.0123, 0.0092, 0.0090\,]$

11.1.3　计算评估指标综合权重

根据式(4.30)~式(4.33)可得出最优线性组合系数为

$$\lambda_1' = 0.9248$$
$$\lambda_2' = 0.5434$$

根据式(4.34)对 λ_1'、λ_2' 进行归一化处理可得 λ_1、λ_2 为

$$\lambda_1 = 0.6299$$
$$\lambda_2 = 0.3701$$

根据式(4.35),得到最底层三级指标 C 相对于评估目标 U 的综合总权重向量:

$W = [0.1715, 0.0849, 0.1428, 0.0888, 0.0286, 0.0075, 0.0185, 0.0295,$
$0.0114, 0.0219, 0.0144, 0.0096, 0.0238, 0.0379, 0.0335, 0.0201, 0.0071,$
$0.0162, 0.0249, 0.0056, 0.0284, 0.0201, 0.0079, 0.0122, 0.0071, 0.0163,$
$0.0319, 0.0142, 0.0214, 0.0196, 0.0297, 0.0149, 0.0129, 0.0068, 0.0090,$
$0.0058, 0.0065, 0.0344, 0.0064, 0.0108, 0.0109, 0.0082, 0.0140, 0.0144,$
$0.0125, 0.0065, 0.0091, 0.0085, 0.0052, 0.0126, 0.0098, 0.0111, 0.0067,$
$0.0103, 0.0061, 0.0112, 0.0109, 0.0070, 0.0126, 0.0068, 0.0072, 0.0079,$
$0.0053, 0.0092, 0.0278, 0.0250, 0.0292, 0.0040, 0.0100, 0.0085, 0.0056,$
$0.0073, 0.0060, 0.0062]$

根据式(4.36)~式(4.41),求得评估指标的相对权重及综合总权重,整理列举出来如表 11.59 所示。

表 11.59　某型雷达装备保障性评估指标权重表

评估目标 U	一级指标 A	一级指标相对权重 W_{AU}'	二级指标 B	二级指标相对权重 W_{BA}'	三级指标 C	三级指标相对权重 W_{CB}'	三级指标综合总权重 W
雷达装备保障性 U	战备完好性及保障性综合参数 A_1	0.4221	战备完好率 B_1	0.3272	战备完好率 C_1	1.0000	0.1715
			任务持续能力 B_2	0.1621	任务持续能力 C_2	1.0000	0.0849
			系统可用度 B_3	0.2724	平均可用度 C_3	1.0000	0.1428
			系统可信性 B_4	0.1694	任务可靠度 C_4	0.7564	0.0888
					任务成功度 C_5	0.2436	0.0286
			任务出动率 B_5	0.0545	按计划出动率 C_6	0.2883	0.0075
					听召唤出动率 C_7	0.7117	0.0185

（续）

评估目标 U	一级指标 A	一级指标相对权重 W'_{AU}	二级指标 B	二级指标相对权重 W'_{BA}	三级指标 C	三级指标相对权重 W'_{CB}	三级指标综合总权重 W
雷达装备保障性 U	战备完好性及保障性综合参数 A_1	0.4221	寿命周期费用 B_6	0.0143	论证研制费用 C_8	0.3821	0.0295
					采办购置费用 C_9	0.1477	0.0114
					使用保障费用 C_{10}	0.2839	0.0219
					退役处置费用 C_{11}	0.1863	0.0144
	设计特性 A_2	0.3373	可靠性 B_7	0.0840	使用寿命 C_{12}	0.1350	0.0096
					平均故障间隔时间 C_{13}	0.3338	0.0238
					平均致命性故障间隔时间 C_{14}	0.5312	0.0379
			维修性 B_8	0.1336	平均修复时间 C_{15}	0.5511	0.0335
					平均维修时间 C_{16}	0.3314	0.0201
					维修停机时间 C_{17}	0.1175	0.0071
			测试性 B_9	0.0516	故障检测率 C_{18}	0.3470	0.0162
					故障隔离率 C_{19}	0.5329	0.0249
					故障虚警率 C_{20}	0.1201	0.0056
			安全性 B_{10}	0.0993	事故率 C_{21}	0.5041	0.0284
					安全可靠度 C_{22}	0.3557	0.0201
					损失率 C_{23}	0.1401	0.0079

（续）

评估目标 U	一级指标 A	一级指标相对权重 W'_{AU}	二级指标 B	二级指标相对权重 W'_{BA}	三级指标 C	三级指标相对权重 W'_{CB}	三级指标综合总权重 W
雷达装备保障性 U	设计特性 A_2	0.3373	环境适应性 B_{11}	0.0651	温度湿度适应性 C_{24}	0.3419	0.0122
					抗盐雾腐蚀性 C_{25}	0.2002	0.0071
					抗风抗震抗噪性 C_{26}	0.4579	0.0163
			电磁兼容性 B_{12}	0.0437	内部电磁环境兼容性 C_{27}	0.6928	0.0319
					外部电磁环境兼容性 C_{28}	0.3072	0.0142
			生存性 B_{13}	0.1080	隐蔽性 C_{29}	0.3026	0.0214
					防护性 C_{30}	0.2772	0.0196
					抢修性 C_{31}	0.4201	0.0297
			通用性 B_{14}	0.1719	标准化 C_{32}	0.4312	0.0149
					互换性 C_{33}	0.3714	0.0129
					可替代性 C_{34}	0.1974	0.0068
			运输性 B_{15}	0.1516	运输便捷性 C_{35}	0.4238	0.0090
					运输方式 C_{36}	0.2708	0.0058
					运输限制 C_{37}	0.3054	0.0065
			人素工程特性 B_{16}	0.0912	舒适度 C_{38}	0.6668	0.0344
					人员作业要求 C_{39}	0.1246	0.0064
					安全危害程度 C_{40}	0.2086	0.0108

（续）

评估目标 U	一级指标 A	一级指标相对权重 W'_{AU}	二级指标 B	二级指标相对权重 W'_{BA}	三级指标 C	三级指标相对权重 W'_{CB}	三级指标综合总权重 W
雷达装备保障性 U	计划保障资源 A_3	0.2406	保障设施 B_{17}	0.0401	设施满足率 C_{41}	0.3299	0.0109
					设施适用性 C_{42}	0.2473	0.0082
					设施通用性 C_{43}	0.4228	0.0140
			保障设备 B_{18}	0.0912	设备齐套率 C_{44}	0.4306	0.0144
					设备适用性 C_{45}	0.3741	0.0125
					设备通用性 C_{46}	0.1953	0.0065
			备品备件 B_{19}	0.1401	储备定额 C_{47}	0.3988	0.0091
					配套满足率 C_{48}	0.3737	0.0085
					持续供应能力 C_{49}	0.2275	0.0052
			人力人员 B_{20}	0.0316	人员数量 C_{50}	0.3770	0.0126
					体制编制 C_{51}	0.2919	0.0098
					专业技术水平 C_{52}	0.3311	0.0111
			培训训练 B_{21}	0.1598	培训纲要水平 C_{53}	0.2916	0.0067
					培训训练要求 C_{54}	0.4435	0.0103
					训练保障能力 C_{55}	0.2649	0.0061

（续）

评估目标 U	一级指标 A	一级指标相对权重 W'_{AU}	二级指标 B	二级指标相对权重 W'_{BA}	三级指标 C	三级指标相对权重 W'_{CB}	三级指标综合总权重 W
雷达装备保障性 U	计划保障资源 A_3	0.2406	技术资料 B_{22}	0.1127	资料齐套率 C_{56}	0.3830	0.0112
					资料适用性 C_{57}	0.3756	0.0109
					资料标准性 C_{58}	0.2414	0.0070
			物流调配 B_{23}	0.0444	供应能力 C_{59}	0.4747	0.0126
					供应效率 C_{60}	0.2546	0.0068
					供应管理 C_{61}	0.2707	0.0072
			经费支持 B_{24}	0.0686	审核发放 C_{62}	0.3507	0.0079
					标准配额 C_{63}	0.2379	0.0053
					管理使用 C_{64}	0.4114	0.0092
			信息系统 B_{25}	0.0402	覆盖率适用率 C_{65}	0.3391	0.0278
					自动化网络化 C_{66}	0.3044	0.0250
					实时性准确性 C_{67}	0.3565	0.0292
			计算机资源 B_{26}	0.0918	系统环境要求 C_{68}	0.1769	0.0040
					软件资料 C_{69}	0.4459	0.0100
					计算机安全性 C_{70}	0.3772	0.0085

(续)

评估目标 U	一级指标 A	一级指标相对权重 W'_{AU}	二级指标 B	二级指标相对权重 W'_{BA}	三级指标 C	三级指标相对权重 W'_{CB}	三级指标综合总权重 W
雷达装备保障性 U	计划保障资源 A_3	0.2406	包装、贮存、装卸、运输等保障 B_{27}	0.1795	包装包裹 C_{71}	0.2231	0.0056
					贮存储放 C_{72}	0.2908	0.0073
					装载卸载 C_{73}	0.2382	0.0060
					运载输送 C_{74}	0.2479	0.0062

 # 11.2 确定灰色评估样本矩阵及白化矩阵

11.2.1 确定灰色评估样本矩阵

邀请 30 位专家依据图 3.4 雷达装备保障性评估指标体系以及表 10.1 评分等级标准对某型雷达装备保障性各评估指标进行等级评定,将评判的分值整理汇总,组成评估样本矩阵,如表 11.60 所示。

表 11.60(a) 某型雷达装备保障性评估样本矩阵(1)

评估目标 U	一级指标 A	二级指标 B	三级指标 C	专家 1	专家 2	专家 3	专家 4	专家 5	专家 6	专家 7	专家 8	专家 9	专家 10
雷达装备保障性 U	A_1	B_1	C_1	9	8	8	9	8	7	8	8	6	4
		B_2	C_2	4	8	6	7	7	6	9	8	7	6
		B_3	C_3	8	9	7	8	6	7	9	6	8	7
		B_4	C_4	7	6	7	8	6	9	6	8	9	4
			C_5	9	7	8	6	9	8	6	7	6	4
		B_5	C_6	4	5	7	7	4	7	7	6	7	7
			C_7	8	9	7	4	6	8	7	4	9	7
		B_6	C_8	7	5	7	6	6	7	7	5	6	5
			C_9	8	7	8	6	7	9	5	7	6	6
			C_{10}	8	6	7	5	5	7	7	8	6	7
			C_{11}	8	7	7	7	6	5	4	7	6	5

173

（续）

评估目标 U	一级指标 A	二级指标 B	三级指标 C	专家1	专家2	专家3	专家4	专家5	专家6	专家7	专家8	专家9	专家10
雷达装备保障性 U	A_2	B_7	C_{12}	8	9	9	8	7	8	7	6	5	7
			C_{13}	8	7	7	6	8	9	6	7	7	7
			C_{14}	9	8	9	7	8	8	7	6	7	7
		B_8	C_{15}	8	7	7	7	8	8	7	7	6	8
			C_{16}	7	9	7	6	7	7	8	6	7	7
			C_{17}	7	7	9	8	7	6	7	8	8	7
		B_9	C_{18}	7	7	9	5	7	4	6	7	8	7
			C_{19}	7	8	5	4	7	8	7	7	7	9
			C_{20}	6	6	4	5	7	7	7	8	7	9
		B_{10}	C_{21}	9	8	6	8	8	9	9	8	6	7
			C_{22}	8	7	9	8	7	6	6	7	6	8
			C_{23}	8	9	6	8	9	8	7	8	8	6
		B_{11}	C_{24}	6	2	7	1	6	4	9	7	8	4
			C_{25}	2	5	1	5	9	6	2	8	8	4
			C_{26}	7	6	5	2	6	7	1	4	9	7
		B_{12}	C_{27}	7	6	8	9	7	6	8	7	9	8
			C_{28}	7	8	5	7	5	6	7	8	7	
		B_{13}	C_{29}	7	2	4	6	7	3	4	7	5	6
			C_{30}	7	5	5	3	4	7	6	5	7	6
			C_{31}	7	8	7	6	8	6	8	7	8	8
		B_{14}	C_{32}	8	7	7	6	5	8	9	8	7	8
			C_{33}	7	8	7	6	7	7	8	7	7	
			C_{34}	7	8	7	3	6	7	8	5	7	6
		B_{15}	C_{35}	8	8	5	7	7	7	6	7	7	8
			C_{36}	8	7	6	7	7	8	6	7	8	8
			C_{37}	7	6	7	6	5	6	7	8	8	7
		B_{16}	C_{38}	6	2	4	5	6	5	6	7	6	7
			C_{39}	9	7	7	8	7	8	8	6	7	8
			C_{40}	7	9	8	7	7	8	7	8	9	8

（续）

评估目标 U	一级指标 A	二级指标 B	三级指标 C	专家1	专家2	专家3	专家4	专家5	专家6	专家7	专家8	专家9	专家10
雷达装备保障性 U	A_3	B_{17}	C_{41}	7	6	7	8	7	7	7	6	7	8
			C_{42}	8	9	7	8	9	6	8	7	6	7
			C_{43}	9	8	4	9	3	6	8	3	6	7
		B_{18}	C_{44}	2	6	9	7	3	5	7	6	7	8
			C_{45}	1	8	8	7	9	4	7	8	7	7
			C_{46}	3	9	9	7	7	2	6	7	6	7
		B_{19}	C_{47}	8	4	7	3	9	9	7	6	8	1
			C_{48}	9	8	8	2	9	6	7	6	7	3
			C_{49}	6	2	7	4	8	7	8	2	8	4
		B_{20}	C_{50}	8	7	6	7	6	8	7	7	9	7
			C_{51}	8	7	7	7	7	8	8	9	8	7
			C_{52}	7	8	6	7	8	8	7	7	8	9
		B_{21}	C_{53}	8	7	6	5	4	7	7	8	9	7
			C_{54}	7	7	8	4	6	6	8	9	7	6
			C_{55}	7	8	6	7	8	5	7	6	7	4
		B_{22}	C_{56}	7	6	4	7	8	5	8	7	6	7
			C_{57}	8	9	5	8	9	7	8	9	8	4
			C_{58}	8	7	6	7	8	9	7	8	8	5
		B_{23}	C_{59}	6	9	5	7	7	9	4	5	8	2
			C_{60}	5	3	1	6	7	5	3	2	7	2
			C_{61}	8	7	6	7	8	2	3	7	7	6
		B_{24}	C_{62}	7	9	7	7	8	8	7	6	9	4
			C_{63}	7	8	6	8	8	5	6	7	8	7
			C_{64}	9	7	8	7	8	8	7	6	8	7
		B_{25}	C_{65}	5	2	4	6	6	1	6	5	5	3
			C_{66}	1	3	5	7	2	5	6	5	4	2
			C_{67}	3	5	4	6	1	4	5	4	3	1
		B_{26}	C_{68}	8	8	7	8	8	9	7	8	6	8
			C_{69}	7	7	8	8	6	5	8	7	8	8
			C_{70}	4	7	7	8	6	5	7	8	7	6
		B_{27}	C_{71}	6	8	7	7	7	6	8	7	7	8
			C_{72}	8	6	9	9	7	6	9	8	7	7
			C_{73}	9	6	2	7	8	9	1	6	4	5
			C_{74}	2	9	4	7	9	2	7	3	8	2

表 11.60(b)　某型雷达装备保障性评估样本矩阵(2)

评估目标 U	一级指标 A	二级指标 B	三级指标 C	专家11	专家12	专家13	专家14	专家15	专家16	专家17	专家18	专家19	专家20
雷达装备保障性 U	A_1	B_1	C_1	9	7	7	8	8	9	7	8	6	7
		B_2	C_2	6	8	7	8	6	7	7	5	8	7
		B_3	C_3	7	9	8	6	7	7	8	9	6	7
		B_4	C_4	7	6	8	7	8	6	9	7	8	7
			C_5	8	6	7	5	7	7	5	6	8	8
		B_5	C_6	8	7	9	8	8	7	7	8	8	9
			C_7	6	7	6	8	7	7	5	7	7	8
		B_6	C_8	5	6	5	7	7	6	6	7	5	7
			C_9	6	5	7	7	6	7	8	8	7	8
			C_{10}	7	6	8	7	7	5	5	7	6	8
			C_{11}	5	6	7	4	5	6	7	4	8	7
	A_2	B_7	C_{12}	3	8	6	7	8	9	4	7	8	9
			C_{13}	4	6	7	9	9	7	4	6	7	8
			C_{14}	7	8	4	7	8	7	5	4	7	9
		B_8	C_{15}	5	7	9	7	7	9	4	4	5	7
			C_{16}	4	8	8	6	8	7	7	9	4	7
			C_{17}	4	6	6	4	5	8	7	7	2	8
		B_9	C_{18}	8	7	4	2	7	8	7	5	6	8
			C_{19}	9	9	6	9	6	7	8	2	6	8
			C_{20}	2	7	2	8	7	6	8	2	7	7
		B_{10}	C_{21}	8	8	7	8	9	8	7	8	7	8
			C_{22}	9	7	8	8	8	9	8	7	8	7
			C_{23}	9	8	9	7	8	8	7	8	7	7
		B_{11}	C_{24}	7	8	7	8	8	5	8	5	7	7
			C_{25}	7	6	7	5	7	7	8	4	7	8
			C_{26}	8	7	4	6	7	8	7	7	8	6
		B_{12}	C_{27}	8	9	7	8	6	7	9	8	6	7
			C_{28}	7	8	7	6	5	7	6	5	8	7
		B_{13}	C_{29}	6	7	4	6	2	4	9	7	9	7
			C_{30}	6	9	7	7	2	2	5	6	9	6
			C_{31}	7	8	9	9	4	3	2	6	5	4
		B_{14}	C_{32}	4	7	8	8	7	4	6	5	9	2
			C_{33}	2	6	8	4	5	4	7	9	2	9
			C_{34}	2	6	7	2	4	9	2	6	7	9
		B_{15}	C_{35}	3	2	6	3	9	6	9	7	9	2
			C_{36}	3	9	2	9	7	3	9	7	9	4
			C_{37}	2	4	9	7	9	3	8	6	9	2
		B_{16}	C_{38}	7	6	7	6	5	6	5	4	2	6
			C_{39}	8	7	6	8	8	7	8	7	7	9
			C_{40}	8	9	8	7	8	7	7	8	9	7

（续）

评估目标 U	一级指标 A	二级指标 B	三级指标 C	专家11	专家12	专家13	专家14	专家15	专家16	专家17	专家18	专家19	专家20
雷达装备保障性 U	A_3	B_{17}	C_{41}	8	7	6	7	7	7	8	7	6	7
			C_{42}	7	6	7	8	6	9	8	7	9	8
			C_{43}	8	9	8	8	7	9	7	9	8	9
		B_{18}	C_{44}	7	6	6	7	8	5	8	7	6	7
			C_{45}	8	9	7	8	9	7	8	9	8	6
			C_{46}	8	7	6	7	8	9	7	8	8	7
		B_{19}	C_{47}	6	7	5	7	7	8	8	6	7	8
			C_{48}	7	8	7	7	8	9	7	8	6	7
			C_{49}	6	7	7	5	7	8	7	6	7	8
		B_{20}	C_{50}	7	9	8	7	4	7	2	6	7	8
			C_{51}	6	7	6	3	8	4	2	2	8	7
			C_{52}	9	7	8	6	9	4	7	2	8	9
		B_{21}	C_{53}	8	9	7	7	8	2	7	6	7	2
			C_{54}	5	6	8	6	7	2	6	5	7	2
			C_{55}	2	9	6	7	9	3	5	7	7	4
		B_{22}	C_{56}	8	8	9	2	7	2	7	6	7	7
			C_{57}	8	8	5	3	9	2	7	6	7	7
			C_{58}	8	9	2	4	7	3	6	2	4	2
		B_{23}	C_{59}	6	7	5	7	6	8	8	6	7	8
			C_{60}	7	8	7	4	5	7	7	8	6	7
			C_{61}	6	7	7	3	2	8	7	6	7	8
		B_{24}	C_{62}	8	7	6	7	8	8	7	8	9	8
			C_{63}	8	7	7	6	5	8	8	6	8	7
			C_{64}	7	8	6	7	8	8	7	7	8	9
		B_{25}	C_{65}	6	5	6	4	2	7	8	7	6	5
			C_{66}	7	6	7	5	4	4	5	2	5	6
			C_{67}	5	7	2	5	4	3	6	5	7	6
		B_{26}	C_{68}	9	8	9	8	7	5	6	3	8	4
			C_{69}	9	3	6	7	8	2	4	2	7	3
			C_{70}	9	6	6	7	9	6	5	8	6	7
		B_{27}	C_{71}	6	4	1	9	7	2	6	9	4	3
			C_{72}	7	7	8	9	6	7	9	9	6	8
			C_{73}	6	7	7	7	5	8	7	8	7	7
			C_{74}	7	6	5	4	6	7	8	7	8	7

表 11.60(c)　某型雷达装备保障性评估样本矩阵(3)

评估目标 U	一级指标 A	二级指标 B	三级指标 C	专家21	专家22	专家23	专家24	专家25	专家26	专家27	专家28	专家29	专家30
雷达装备保障性 U	A_1	B_1	C_1	7	6	8	7	9	8	8	7	7	9
		B_2	C_2	7	8	5	7	7	8	8	7	6	6
		B_3	C_3	7	6	9	8	7	7	6	8	9	7
		B_4	C_4	7	8	7	8	6	8	7	9	6	7
			C_5	8	8	6	8	7	7	5	7	6	8
		B_5	C_6	9	8	8	7	7	8	8	9	7	8
			C_7	8	7	7	5	7	7	8	6	7	6
		B_6	C_8	7	6	7	5	6	9	6	4	2	7
			C_9	9	7	5	8	7	8	2	7	4	8
			C_{10}	8	7	9	4	8	6	2	8	4	8
			C_{11}	1	7	4	3	6	7	5	9	2	7
	A_2	B_7	C_{12}	7	5	6	7	8	7	8	9	9	8
			C_{13}	7	7	7	6	9	8	6	7	7	8
			C_{14}	7	7	6	7	8	8	7	9	8	9
		B_8	C_{15}	8	6	7	7	8	8	7	7	7	8
			C_{16}	7	7	6	8	7	7	6	7	9	8
			C_{17}	7	8	8	7	9	7	8	6	7	7
		B_9	C_{18}	7	8	7	9	5	4	7	5	7	7
			C_{19}	9	7	7	8	7	8	4	5	8	7
			C_{20}	7	7	8	7	7	7	5	4	6	9
		B_{10}	C_{21}	8	7	8	7	8	9	8	7	8	8
			C_{22}	7	8	7	8	9	8	8	8	7	9
			C_{23}	7	7	8	7	8	8	7	9	8	9
		B_{11}	C_{24}	7	7	8	6	5	8	8	7	7	8
			C_{25}	8	7	4	8	7	7	5	7	6	7
			C_{26}	6	8	7	7	8	7	6	4	7	8
		B_{12}	C_{27}	8	2	7	6	2	7	7	4	6	4
			C_{28}	9	3	5	4	2	7	8	6	8	2
		B_{13}	C_{29}	6	5	7	4	3	7	6	4	2	7
			C_{30}	6	7	5	6	7	4	3	5	5	7
			C_{31}	8	7	8	7	6	8	6	7	8	7
		B_{14}	C_{32}	7	7	8	9	4	5	6	7	7	8
			C_{33}	8	7	7	7	7	7	6	7	6	7
			C_{34}	6	7	4	8	7	6	5	7	8	30
		B_{15}	C_{35}	8	7	7	6	7	6	7	5	8	8
			C_{36}	7	8	7	6	8	7	7	6	8	7
			C_{37}	7	8	8	7	6	5	6	7	6	7
		B_{16}	C_{38}	5	6	3	1	6	6	5	7	6	7
			C_{39}	6	6	6	7	9	6	5	8	6	7
			C_{40}	8	9	9	8	7	9	8	7	5	6

（续）

评估目标 U	一级指标 A	二级指标 B	三级指标 C	专家21	专家22	专家23	专家24	专家25	专家26	专家27	专家28	专家29	专家30
雷达装备保障性 U	A_3	B_{17}	C_{41}	9	8	3	6	4	7	7	2	6	7
			C_{42}	7	9	4	8	4	8	7	3	6	7
			C_{43}	9	8	9	7	9	7	8	8	9	8
		B_{18}	C_{44}	7	6	7	8	5	8	7	6	7	6
			C_{45}	6	8	9	8	7	9	7	8	8	9
			C_{46}	7	8	8	7	9	8	6	7	7	8
		B_{19}	C_{47}	8	7	6	8	8	7	5	7	7	6
			C_{48}	7	6	8	7	9	8	7	7	8	7
			C_{49}	8	7	6	7	8	7	5	7	6	7
		B_{20}	C_{50}	7	9	7	7	8	6	7	6	7	8
			C_{51}	7	8	9	8	8	7	7	7	7	8
			C_{52}	9	8	7	7	8	8	7	6	7	8
		B_{21}	C_{53}	7	7	8	9	7	4	6	5	8	7
			C_{54}	6	7	9	8	6	6	4	8	7	7
			C_{55}	7	7	6	7	5	8	7	6	8	7
		B_{22}	C_{56}	7	6	7	8	5	8	7	4	6	7
			C_{57}	4	8	9	8	7	9	8	5	8	9
			C_{58}	5	8	8	7	9	8	6	7	7	8
		B_{23}	C_{59}	8	7	6	8	8	6	7	5	6	7
			C_{60}	6	7	8	7	7	5	4	7	8	7
			C_{61}	4	2	1	8	6	2	4	3	6	3
		B_{24}	C_{62}	4	6	2	7	8	9	2	3	8	7
			C_{63}	2	8	8	4	9	6	3	4	7	9
			C_{64}	2	7	7	1	9	7	4	3	4	8
		B_{25}	C_{65}	5	7	6	8	7	2	4	6	5	6
			C_{66}	6	5	4	5	4	3	5	7	6	7
			C_{67}	6	7	5	6	3	4	5	1	5	7
		B_{26}	C_{68}	8	6	8	7	9	8	8	7	8	8
			C_{69}	8	8	7	8	5	6	8	8	7	9
			C_{70}	6	7	8	7	5	6	7	4	8	7
		B_{27}	C_{71}	8	7	7	8	6	7	7	7	8	6
			C_{72}	3	5	8	6	6	7	8	6	4	1
			C_{73}	7	7	8	7	8	5	7	7	7	6
			C_{74}	7	8	7	8	7	6	4	5	6	7

根据式(10.4),提取表 11.60 中的数据,即可组成灰色评估样本矩阵:

$$D = \begin{bmatrix} 9 & 8 & \cdots & 7 & 9 \\ 4 & 8 & \cdots & 6 & 6 \\ \vdots & \vdots & \ddots & \vdots & \vdots \\ 9 & 6 & \cdots & 7 & 6 \\ 2 & 9 & \cdots & 6 & 7 \end{bmatrix}$$

11.2.2　确定白化矩阵

根据式(10.5)~式(10.9),以灰色评估样本矩阵 D 中的元素 $d_{C_{1-1}}$ 为例,将其按相应的白化权函数,计算得出白化权函数值:

$$d_{C_{1-1}} = 9 \in [0,9], \quad F_1(d_{C_{1-1}}) = \frac{9}{9} = 1.0000$$

$$d_{C_{1-1}} = 9 \in [7,14], \quad F_2(d_{C_{1-1}}) = 2 - \frac{9}{7} = 0.7143$$

$$d_{C_{1-1}} = 9 \in [5,10], \quad F_3(d_{C_{1-1}}) = 2 - \frac{9}{5} = 0.2000$$

$$d_{C_{1-1}} = 9 \notin [0,6], \quad F_1(d_{C_{1-1}}) = 0$$

$$d_{C_{1-1}} = 9 \notin [0,2], \quad F_1(d_{C_{1-1}}) = 0$$

同理,将灰色评估样本矩阵中的各元素按相应的白化权函数进行计算,转化为白化矩阵 F,根据式(10.10)~式(10.14),按不同的灰类等级,具体为

$$F_1 = \begin{bmatrix} 1.0000 & 0.8889 & \cdots & 0.7778 & 1.0000 \\ 0.4444 & 0.8889 & \cdots & 0.6667 & 0.6667 \\ \vdots & \vdots & \ddots & \vdots & \vdots \\ 1.0000 & 0.6667 & \cdots & 0.7778 & 0.6667 \\ 0.2222 & 1.0000 & \cdots & 0.6667 & 0.7778 \end{bmatrix}$$

$$F_2 = \begin{bmatrix} 0.7143 & 0.8571 & \cdots & 1.0000 & 0.7143 \\ 0.5714 & 0.8571 & \cdots & 0.8571 & 0.8571 \\ \vdots & \vdots & \ddots & \vdots & \vdots \\ 0.7143 & 0.8571 & \cdots & 1.0000 & 0.8571 \\ 0.2857 & 0.7143 & \cdots & 0.8571 & 1.0000 \end{bmatrix}$$

$$F_3 = \begin{bmatrix} 0.2000 & 0.4000 & \cdots & 0.8000 & 0.6000 \\ 0.8000 & 0.4000 & \cdots & 1.0000 & 0.6000 \\ \vdots & \vdots & \ddots & \vdots & \vdots \\ 0.2000 & 0.8000 & \cdots & 0.6000 & 0.8000 \\ 0.4000 & 0.2000 & \cdots & 0.8000 & 0.6000 \end{bmatrix}$$

$$\boldsymbol{F}_4 = \begin{bmatrix} 0.0000 & 0.0000 & \cdots & 0.0000 & 0.0000 \\ 0.6667 & 0.0000 & \cdots & 0.0000 & 0.0000 \\ \vdots & \vdots & \ddots & \vdots & \vdots \\ 0.0000 & 0.0000 & \cdots & 0.0000 & 0.0000 \\ 0.6667 & 0.0000 & \cdots & 0.0000 & 0.0000 \end{bmatrix}$$

$$\boldsymbol{F}_5 = \begin{bmatrix} 0.0000 & 0.0000 & \cdots & 0.0000 & 0.0000 \\ 0.0000 & 0.0000 & \cdots & 0.0000 & 0.0000 \\ \vdots & \vdots & \ddots & \vdots & \vdots \\ 0.0000 & 0.0000 & \cdots & 0.0000 & 1.0000 \\ 0.0000 & 0.0000 & \cdots & 0.0000 & 0.0000 \\ 0 & 0 & \cdots & 0 & 0 \end{bmatrix}$$

11.3 计算灰色评估系数

运用白化矩阵 $\boldsymbol{F}$，根据式（10.15），以评估指标 C_1 为例，计算其各个灰类的灰色评估系数：

$$e = 1, x_{C_{1-1}} = \sum_{t=1}^{30} f_1(d_{C_{1-t}}) = 25.2222$$

$$e = 2, x_{C_{1-2}} = \sum_{t=1}^{30} f_2(d_{C_{1-t}}) = 25.8571$$

$$e = 3, x_{C_{1-3}} = \sum_{t=1}^{30} f_3(d_{C_{1-t}}) = 14.2000$$

$$e = 4, x_{C_{1-4}} = \sum_{t=1}^{30} f_4(d_{C_{1-t}}) = 0.6667$$

$$e = 5, x_{C_{1-5}} = \sum_{t=1}^{30} f_5(d_{C_{1-t}}) = 0.0000$$

根据式（10.16），以评估指标 C_1 为例，可得其所有灰类的总灰色评估系数：

$$X_{C_1}^* = \sum_{e=1}^{5} x_{C_{1-e}} = 65.9460$$

同理，可将各评估指标的所有灰类总灰色评估系数 $X_{C_j}^*$ 求出：

$$X_{C_j}^* = \begin{bmatrix} 65.9460, & 69.1937, & 66.6063, & 67.3524, & 68.7238, & 67.7143, \end{bmatrix}$$

69.4063，71.2635，68.5460，69.0540，70.3778，66.8444，68.2063，67.4889，

69.1048, 68.7238, 67.9683, 69.5524, 67.7841, 67.5143, 65.2000, 65.8413,
65.4317, 68.1143, 68.3365, 68.3016, 66.1365, 68.8190, 68.7206, 70.1778,
67.2032, 67.5460, 67.4508, 67.3905, 67.0413, 67.1429, 67.3397, 70.0349,
67.7048, 65.7111, 68.6730, 67.0857, 64.3460, 69.1365, 64.9460, 66.5905,
68.2317, 66.5905, 68.4952, 67.5841, 66.4635, 66.3016, 67.4444, 67.8159,
69.1714, 68.0317, 65.7841, 65.9302, 68.6095, 69.1270, 66.1937, 66.4095,
67.6603, 66.5492, 69.2603, 70.5841, 70.7524, 66.1556, 67.0762, 69.7016,
67.4921, 66.5079, 68.4190, 67.3714]

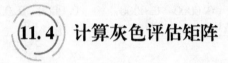

11.4 计算灰色评估矩阵

根据式(10.17),以评估指标 C_1 为例,其第一等级灰类的灰色评估权值为

$$r_{C_{1-1}} = \frac{x_{C_{1-1}}}{X_{C_1}^*} = \frac{25.2222}{65.9460} = 0.3825$$

同理,可得评估指标 C_1 其他四个等级灰类的灰色评估权值。

综合以上五个等级灰类的灰色评估权值,根据式(10.18),可组成评估指标 C_1 的灰色评估权向量:

$$\boldsymbol{R}'_{C_1} = [0.3825, 0.3921, 0.2153, 0.0101, 0.0000]$$

将各指标的灰色评价权向量进行整理后,根据式(10.20),可得到最底层三级指标 C 所有评估指标对于评估目标 U 形成上文灰色评估矩阵:

$$\boldsymbol{R}_C = \begin{bmatrix} \boldsymbol{R}'_{C_1} \\ \boldsymbol{R}'_{C_2} \\ \vdots \\ \boldsymbol{R}'_{C_j} \end{bmatrix} = \begin{bmatrix} 0.3825 & 0.3921 & \cdots & 0.0000 \\ 0.3308 & 0.3840 & \cdots & 0.0000 \\ \vdots & \vdots & \ddots & \vdots \\ 0.3018 & 0.3499 & \cdots & 0.0000 \end{bmatrix}$$

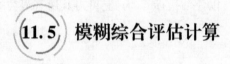

11.5 模糊综合评估计算

综合评估的具体步骤如下:

根据表 10.1,按优秀、良好、一般、较差、极差的顺序,对各灰类等级赋值,依

据式(10.23),可得各灰类值向量:

$$F = [9, 7, 5, 3, 1]^T$$

已知最底层三级指标 C 所有评估指标对于评估目标 U 形成的灰色评估矩阵 R_C:

$$R_C = \begin{bmatrix} R'_{C_1} \\ R'_{C_2} \\ \vdots \\ R'_{C_j} \end{bmatrix} = \begin{bmatrix} 0.3825 & 0.3921 & \cdots & 0.0000 \\ 0.3308 & 0.3840 & \cdots & 0.0000 \\ \vdots & \vdots & \ddots & \vdots \\ 0.3018 & 0.3499 & \cdots & 0.0000 \end{bmatrix}$$

以评估指标 C_1 为例,C_1 相对于评估目标 U 的灰色评估矩阵 R_X 为

$$R_{C_1} = [R'_{C_1}] = [0.3825, 0.3921, 0.2153, 0.0101, 0.0000]$$

依据式(10.24),可得某型雷达装备保障性评估指标 C_1 综合评估得分 Z'''_{C_1}:

$$\begin{aligned} Z'''_{C_1} &= R_{C_1} \cdot F \\ &= [0.3825, 0.3921, 0.2153, 0.0101, 0.0000] \cdot [9, 7, 5, 3, 1]^T \\ &= 7.2938 \end{aligned}$$

同理,可得出某型雷达装备保障性三级指标 C 所有评估指标的综合评估得分 Z''',整理如表 11.61 所示。

表 11.61　某型雷达装备保障性三级指标 C 综合评估得分表

三级指标 C	综合评估得分 Z'''	三级指标 C	综合评估得分 Z'''
战备完好率 C_1	7.2938	维修停机时间 C_{17}	7.0327
任务持续能力 C_2	7.0527	故障检测率 C_{18}	6.8581
平均可用度 C_3	7.2816	故障隔离率 C_{19}	7.0223
任务可靠度 C_4	7.1861	故障虚警率 C_{20}	6.8578
任务成功度 C_5	7.0427	事故率 C_{21}	7.3926
按计划出动率 C_6	7.1181	安全可靠度 C_{22}	7.3510
听召唤出动率 C_7	7.0166	损失率 C_{23}	7.3817
论证研制费用 C_8	6.7356	温度湿度适应性 C_{24}	6.8414
采办购置费用 C_9	7.0026	抗盐雾腐蚀性 C_{25}	6.6729
使用保障费用 C_{10}	6.8932	抗风抗震抗噪性 C_{26}	6.8080
退役处置费用 C_{11}	6.4651	内部电磁环境兼容性 C_{27}	7.0309
使用寿命 C_{12}	7.1210	外部电磁环境兼容性 C_{28}	6.7714
平均故障间隔时间 C_{13}	7.1108	隐蔽性 C_{29}	6.4464
平均致命性故障间隔时间 C_{14}	7.1567	防护性 C_{30}	6.5263
平均修复时间 C_{15}	7.0617	抢修性 C_{31}	6.9788
平均维修时间 C_{16}	7.1009	标准化 C_{32}	7.0026

（续）

三级指标 C	综合评估得分 Z'''	三级指标 C	综合评估得分 Z'''
互换性 C_{33}	6.9829	培训训练要求 C_{54}	6.8715
可替代性 C_{34}	6.7665	训练保障能力 C_{55}	6.8959
运输便捷性 C_{35}	6.8913	资料齐套率 C_{56}	6.9085
运输方式 C_{36}	7.0000	资料适用性 C_{57}	7.0230
运输限制 C_{37}	6.8904	资料标准性 C_{58}	6.8557
舒适度 C_{38}	6.4396	供应能力 C_{59}	6.9378
人员作业要求 C_{39}	7.1930	供应效率 C_{60}	6.5532
安全危害程度 C_{40}	7.3504	供应管理 C_{61}	6.4206
设施满足率 C_{41}	6.9896	审核发放 C_{62}	7.0321
设施适用性 C_{42}	7.0954	标准配额 C_{63}	6.9317
设施通用性 C_{43}	7.2266	管理使用 C_{64}	6.9272
设备齐套率 C_{44}	6.9139	覆盖率适用率 C_{65}	6.3384
设备适用性 C_{45}	7.2060	自动化网络化 C_{66}	6.1204
设备通用性 C_{46}	7.1482	实时性准确性 C_{67}	5.8938
储备定额 C_{47}	6.9029	系统环境要求 C_{68}	7.1800
配套满足率 C_{48}	7.1482	软件资料 C_{69}	6.8728
持续供应能力 C_{49}	6.8910	计算机安全性 C_{70}	6.9439
人员数量 C_{50}	7.1171	包装包裹 C_{71}	6.8452
体制编制 C_{51}	7.0415	贮存储放 C_{72}	6.9766
专业技术水平 C_{52}	7.1944	装载卸载 C_{73}	6.8694
培训纲要水平 C_{53}	6.9539	运载输送 C_{74}	6.7388

根据式（10.26），以评估指标 B_4 为例，可得

$$\boldsymbol{H}'_{B_4} = \boldsymbol{W}'_{CB} \cdot \boldsymbol{R}_{B_4}$$

$$= [0.7564, 0.2436] \cdot \begin{bmatrix} 0.3563 & 0.3903 & 0.2435 & 0.0099 & 0.0000 \\ 0.3347 & 0.3762 & 0.2648 & 0.0243 & 0.0000 \end{bmatrix}$$

$$= [0.3511, 0.3869, 0.2487, 0.0134, 0.0000]$$

根据式（10.27），可得某型雷达装备保障性评估指标 B_4 综合评估得分：

$$Z''_{B_4} = \boldsymbol{H}'_{B_4} \cdot \boldsymbol{F}$$

$$= [0.3511, 0.3869, 0.2487, 0.0134, 0.0000] \cdot [9,7,5,3,1]^T$$

$$= 7.1512$$

同理，可得出某型雷达装备保障性二级指标 B 所有评估指标的综合评估得

分 Z'' ,如表 11.62 所示。

表 11.62 某型雷达装备保障性二级指标 B 综合评估得分表

二级指标 B	综合评估得分 Z''	二级指标 B	综合评估得分 Z''
战备完好率 B_1	7.2938	运输性 B_{15}	6.9205
任务持续能力 B_2	7.0527	人素工程特性 B_{16}	6.7235
系统可用度 B_3	7.2816	保障设施 B_{17}	7.1160
系统可信性 B_4	7.1512	保障设备 B_{18}	7.0689
任务出动率 B_5	7.0459	备品备件 B_{19}	6.9919
寿命周期费用 B_6	6.7694	人力人员 B_{20}	7.1206
可靠性 B_7	7.1366	培训训练 B_{21}	6.9020
维修性 B_8	7.0713	技术资料 B_{22}	6.9388
测试性 B_9	6.9456	物流调配 B_{23}	6.6999
安全性 B_{10}	7.3763	经费支持 B_{24}	6.9651
环境适应性 B_{11}	6.7924	信息系统 B_{25}	6.1135
电磁兼容性 B_{12}	6.9512	计算机资源 B_{26}	6.9539
生存性 B_{13}	6.6922	包装贮存装卸运输等保障 B_{27}	6.8628
通用性 B_{14}	6.9487		

根据式(10.28),得到:

$$G = \left[H'_{X_1}, H'_{X_2}, \cdots, H'_{X_m} \right]^{\mathrm{T}}$$

$$= \begin{bmatrix} 0.3825 & 0.3921 & \cdots & 0.0000 \\ 0.3308 & 0.3840 & \cdots & 0.0000 \\ \vdots & \vdots & \ddots & \vdots \\ 0.3212 & 0.3626 & \cdots & 0.0112 \end{bmatrix}$$

根据式(10.29),以评估指标 A_1 为例,可得

$$H_{A_1} = W'_{BA} \cdot G_{A_1}$$

$$= \left[0.3621, 0.3900, 0.2367, 0.0111, 0.0001 \right]$$

根据式(10.30),可得某型雷达装备保障性评估指标 A_1 综合评估得分:

$$Z'_{A_1} = H_X \cdot F$$

$$= \left[0.3621, 0.3900, 0.2367, 0.0111, 0.0001 \right] \cdot \left[9,7,5,3,1 \right]^{\mathrm{T}}$$

$$= 7.2062$$

同理,可得出某型雷达装备保障性一级指标 A 所有评估指标的综合评估得分 Z' ,如表 11.63 所示。

表 11.63　某型雷达装备保障性一级指标 A 综合评估得分表

一级指标 A	综合评估得分 Z'
战备完好性及保障性综合参数 A_1	7.2062
设计特性 A_2	6.9605
计划保障资源 A_3	6.9109

根据式(10.31),得到:

$$I = \left[H_{X_1}, H_{X_2}, H_{X_3} \right]^{\mathrm{T}}$$

$$= \begin{bmatrix} 0.3621 & 0.3900 & 0.2367 & 0.0111 & 0.0001 \\ 0.3298 & 0.3698 & 0.2532 & 0.0454 & 0.0018 \\ 0.3254 & 0.3654 & 0.2534 & 0.0507 & 0.0051 \end{bmatrix}$$

根据式(10.32),可得

$$H = W'_{AU} \cdot I$$

$$= \left[0.3423, 0.3773, 0.2463, 0.0322, 0.0019 \right]$$

根据式(10.33),可得某型雷达装备保障性综合评估得分 Z :

$$Z = H \cdot F = 7.0523$$

 11.6 基于 SPA-AHM 的雷达装备保障性评估结果检验

　　根据 2.1.3 节中对融合评估方法的介绍,集对分析(Set Pair Analysis, SPA)属于融合评估方法,可使雷达装备保障性评估趋于科学准确、完善可靠。SPA是一种处理确定与不确定性问题的系统分析方法,系统中确定性与不确定性因素相互对立、联系,并在一定条件下可以相互转化,SPA 用联系度来描述不确定性信息,实现对系统的评估,其对于评估数据信息的利用程度较高,丢失信息量少,可使评估结果更为准确可信。SPA 评估模型虽然对专家评分数据有所取舍且不能准确评估得出各指标的分值,但仍可结合最大联系度准则得出雷达装备保障性隶属等级,运用基于 SPA-AHM 的雷达装备保障性评估模型对实例评估结果进行检验,具备适用性、可行性。

11.6.1　基于 SPA-AHM 的雷达装备保障性评估模型

　　假设某一集对 H,由 A、B 两个集合组成,即 $H = (A, B)$,在特定背景和条件下,集对 H 具备 N 个特性,其中, S 个特性是集合 A、B 共有的, P 个特性是集合 A、B 互相对立的,剩余的 F 个特性,既非共有特性,也非对立特性, $F = N - P - S$,则有

$$\mu = \frac{S}{N} + \frac{F}{N}I + \frac{P}{N}J \tag{11.1}$$

式中: μ 为联系度; I 为差异系数; J 为对立系数; $\dfrac{S}{N}$ 为集合 A、B 的同一度; $\dfrac{F}{N}$ 为集合 A、B 的差异度; $\dfrac{P}{N}$ 为集合 A、B 的对立度。

将雷达装备保障性评估样本定义为集合 O,将雷达装备保障性等级标准定义为集合 Q,则集合 O 与 Q 就形成一个集对——雷达装备保障性集对 H,用联系度 μ_{X_j} 来描述集合 O 与 Q 的关系:

$$\mu_{X_j} = a_{X_j} + b_{X_j}^1 I_1 + b_{X_j}^2 I_2 + b_{X_j}^3 I_3 + c_{X_j}J \tag{11.2}$$

式中: a_{X_j} 为评估指标值 d_{X_j} 与该指标第一等级标准的相似程度; $b_{X_j}^1$ 为评估指标值 d_{X_j} 与该指标第一等级标准相差一个等级的差异程度; $b_{X_j}^2$ 为评估指标值 d_{X_j} 与该指标第一等级标准相差两个等级的差异程度; $b_{X_j}^3$ 为评估指标值 d_{X_j} 与该指标第一等级标准相差三个等级的差异程度; c_{X_j} 为评估指标值 d_{X_j} 与该指标第一等级标准的对立程度。

已知雷达装备保障性评估指标的灰色评估样本矩阵为

$$\boldsymbol{D} = \begin{bmatrix} d_{X_{1-1}} & d_{X_{1-2}} & \cdots & d_{X_{1-p}} \\ d_{X_{2-1}} & d_{X_{2-2}} & \cdots & d_{X_{2-p}} \\ \vdots & \vdots & \ddots & \vdots \\ d_{X_{j-1}} & d_{X_{j-2}} & \cdots & d_{X_{j-p}} \end{bmatrix} \tag{11.3}$$

将专家针对雷达装备保障性评估指标体系中最底层三级指标 C 的每个评估指标的评分分值取平均,得到的平均分值,即为评估指标值:

$$d_{X_j} = \frac{\sum\limits_{t=1}^{p} d_{X_{j-t}}}{p}, j = 1, 2, \cdots, n \tag{11.4}$$

雷达装备保障性评估样本指标值 d_{X_j} 与雷达装备保障性评估指标标准的联系度为

$$\mu = \begin{cases} 1 + 0I_1 + 0I_2 + 0I_3 + 0J & (d_{X_j} \in [s_1, +\infty]) \\ \dfrac{d_{X_j} - s_2}{s_1 - s_2} + \dfrac{s_1 - d_{X_j}}{s_1 - s_2}I_1 + 0I_2 + 0I_3 + 0J & (d_{X_j} \in [s_2, s_1]) \\ 0 + \dfrac{d_{X_j} - s_3}{s_2 - s_3}I_1 + \dfrac{s_2 - d_{X_j}}{s_2 - s_3}I_2 + 0I_3 + 0J & (d_{X_j} \in [s_3, s_2]) \\ 0 + 0I_1 + \dfrac{d_{X_j} - s_4}{s_3 - s_4}I_2 + \dfrac{s_3 - d_{X_j}}{s_3 - s_4}I_3 + 0J & (d_{X_j} \in [s_4, s_3]) \\ 0 + 0I_1 + 0I_2 + \dfrac{d_{X_j} - s_5}{s_4 - s_5}I_3 + \dfrac{s_4 - d_{X_j}}{s_4 - s_5}J & (d_{X_j} \in [s_5, s_4]) \\ 0 + 0I_1 + 0I_2 + 0I_3 + 1J & (d_{X_j} \in [0, s_5]) \end{cases} \quad (11.5)$$

根据表 10.1,第一等级为"优秀",第二等级为"良好",第三等级为"一般",第四等级为"较差",第五等级为"极差",s_1、s_2、s_3、s_4、s_5 分别为五个等级的标准值,$s_1 = 9$, $s_2 = 7$, $s_3 = 5$, $s_4 = 3$, $s_5 = 1$。

则式(11.5)为

$$\mu = \begin{cases} 1 + 0I_1 + 0I_2 + 0I_3 + 0J & (d_{X_j} \in [9, +\infty]) \\ \dfrac{d_{X_j} - 7}{9 - 7} + \dfrac{9 - d_{X_j}}{9 - 7}I_1 + 0I_2 + 0I_3 + 0J & (d_{X_j} \in [7,9]) \\ 0 + \dfrac{d_{X_j} - 5}{7 - 5}I_1 + \dfrac{7 - d_{X_j}}{7 - 5}I_2 + 0I_3 + 0J & (d_{X_j} \in [5,7]) \\ 0 + 0I_1 + \dfrac{d_{X_j} - 3}{5 - 3}I_2 + \dfrac{5 - d_{X_j}}{5 - 3}I_3 + 0J & (d_{X_j} \in [3,5]) \\ 0 + 0I_1 + 0I_2 + \dfrac{d_{X_j} - 1}{3 - 1}I_3 + \dfrac{3 - d_{X_j}}{3 - 1}J & (d_{X_j} \in [1,3]) \\ 0 + 0I_1 + 0I_2 + 0I_3 + 1J & (d_{X_j} \in [0,1]) \end{cases} \quad (11.6)$$

将最底层三级指标 C 的每个评估指标的评估指标值 d_{X_j} 代入式(11.6),即可得雷达装备保障性三级指标 C 的相对联系度 μ'''_{X_j}。

由式(11.2)、式(11.6)可得出 a_{X_j}、$b^1_{X_j}$、$b^2_{X_j}$、$b^3_{X_j}$、c_{X_j} 的值,选用 AHM 赋权法计算评估指标参与计算,可得雷达装备保障性三级指标 C 相对于二级指标 B 的相对联系度为

$$\mu''_{X_j} = \sum_{j=1}^{n} W'_{CB-X_j} \mu_{X_j}$$

188

$$= \sum_{j=1}^{n} W'_{CB-X_j} a_{X_j} + \sum_{j=1}^{n} W'_{CB-X_j} b^1_{X_j} I_1 + \sum_{j=1}^{n} W'_{CB-X_j} b^2_{X_j} I_2 + \sum_{j=1}^{n} W'_{CB-X_j} b^3_{X_j} I_3$$

$$+ \sum_{j=1}^{n} W'_{CB-X_j} c_{X_j} J (i = 1, 2, \cdots, n) \tag{11.7}$$

雷达装备保障性二级指标 B 相对于一级指标 A 的相对联系度为

$$\mu'_{X_j} = \sum_{j=1}^{n} W'_{BA-X_j} \mu'_{X_j}$$

$$= \sum_{j=1}^{n} W'_{BA-X_j} a_{X_j} + \sum_{j=1}^{n} W'_{BA-X_j} b^1_{X_j} I_1 + \sum_{j=1}^{n} W'_{BA-X_j} b^2_{X_j} I_2 + \sum_{j=1}^{n} W'_{BA-X_j} b^3_{X_j} I_3$$

$$+ \sum_{j=1}^{n} W'_{BA-X_j} c_{X_j} J (i = 1, 2, \cdots, n) \tag{11.8}$$

雷达装备保障性评估目标 U 的平均联系度为

$$\mu_U = \sum_{j=1}^{n} W'_{AU-X} \mu'_{X_j}$$

$$= \sum_{j=1}^{n} W'_{AU-X_j} a_{X_j} + \sum_{j=1}^{n} W'_{AU-X_j} b^1_{X_j} I_1 + \sum_{j=1}^{n} W'_{AU-X_j} b^2_{X_j} I_2 + \sum_{j=1}^{n} W'_{AU-X_j} b^3_{X_j} I_3$$

$$+ \sum_{j=1}^{n} W'_{AU-X_j} c_{X_j} J \quad (i = 1, 2, \cdots, n) \tag{11.9}$$

根据式(11.9),给出定义:

$$\begin{cases} R_1 = \sum_{j=1}^{n} W'_{AU-X_j} a_{X_j} \\[2mm] R_2 = \sum_{j=1}^{n} W'_{AU-X_j} b^1_{X_j} \\[2mm] R_3 = \sum_{j=1}^{n} W'_{AU-X_j} b^2_{X_j} \\[2mm] R_4 = \sum_{j=1}^{n} W'_{AU-X_j} b^3_{X_j} \\[2mm] R_5 = \sum_{j=1}^{n} W'_{AU-X_j} c_{X_j} \end{cases} \tag{11.10}$$

根据式(11.10),则式(11.9)可转化为

$$\mu_U = R_1 + R_2 I_1 + R_3 I_2 + R_4 I_3 + R_5 J \tag{11.11}$$

根据最大联系度准则:

$$R_g = \max(R_1, R_2, R_3, R_4, R_5) = \begin{cases} R_1(\text{某型雷达装备保障性属于"优秀"等级}) \\ R_2(\text{某型雷达装备保障性属于"良好"等级}) \\ R_3(\text{某型雷达装备保障性属于"一般"等级}) \\ R_4(\text{某型雷达装备保障性属于"较差"等级}) \\ R_5(\text{某型雷达装备保障性属于"极差"等级}) \end{cases}$$

(11.12)

则由 R_g 可得出集合 P 属于第 g 等级,即评估目标雷达装备保障性属于第 g 等级。

11.6.2 实例计算检验

将 30 位专家针对某型雷达装备保障性各层级每个评估指标的评分分值取平均,得到的平均分值,即为评估指标值 d_{X_j},包括一级指标 A 的评估指标值、二级指标 B 的评估指标值以及一级指标 A 的评估指标值。

根据式(11.4),可得某型雷达装备保障性最底层三级指标 C 评估指标值 d_{C_j},如表 11.64 所示。

表 11.64　某型雷达装备保障性三级指标 C 评估指标值表

评估目标 U	一级指标 A	二级指标 B	三级指标 C	三级指标 C 评估指标值 d_{C_j}
雷达装备保障性 U	A_1	B_1	C_1	7.5667
		B_2	C_2	6.8667
		B_3	C_3	7.4333
		B_4	C_4	7.2000
			C_5	6.9000
		B_5	C_6	7.2000
			C_7	6.8333
		B_6	C_8	6.0333
			C_9	6.7667
			C_{10}	6.5333
			C_{11}	5.6333
	A_2	B_7	C_{12}	7.2333
			C_{13}	7.0333
			C_{14}	7.2667
		B_8	C_{15}	7.0000
			C_{16}	7.0000
			C_{17}	6.8333

（续）

评估目标 U	一级指标 A	二级指标 B	三级指标 C	三级指标 C 评估指标值 d_{C_j}
雷达装备保障性 U	A_2	B_9	C_{18}	6.5000
			C_{19}	6.8667
			C_{20}	6.3000
		B_{10}	C_{21}	7.8000
			C_{22}	7.6667
			C_{23}	7.7667
		B_{11}	C_{24}	6.5000
			C_{25}	6.0667
			C_{26}	6.3333
		B_{12}	C_{27}	6.7667
			C_{28}	6.2000
		B_{13}	C_{29}	5.4333
			C_{30}	5.6333
			C_{31}	6.7667
		B_{14}	C_{32}	6.8667
			C_{33}	6.6667
			C_{34}	6.1000
		B_{15}	C_{35}	6.4667
			C_{36}	6.8000
			C_{37}	6.4333
		B_{16}	C_{38}	5.3333
			C_{39}	7.2000
			C_{40}	7.7333
	A_3	B_{17}	C_{41}	6.6333
			C_{42}	7.1000
			C_{43}	7.5667
		B_{18}	C_{44}	6.4667
			C_{45}	7.4667
			C_{46}	7.1000
		B_{19}	C_{47}	6.6667
			C_{48}	7.1000
			C_{49}	6.4000

（续）

评估目标 U	一级指标 A	二级指标 B	三级指标 C	三级指标 C 评估指标值 d_{C_j}
雷达装备保障性 U	A_3	B_{20}	C_{50}	6.9667
			C_{51}	6.8333
			C_{52}	7.2333
		B_{21}	C_{53}	6.6333
			C_{54}	6.3333
			C_{55}	6.5000
		B_{22}	C_{56}	6.4667
			C_{57}	7.0667
			C_{58}	6.4333
		B_{23}	C_{59}	6.6000
			C_{60}	5.7667
			C_{61}	5.3667
		B_{24}	C_{62}	6.8000
			C_{63}	6.6667
			C_{64}	6.7333
		B_{25}	C_{65}	5.1667
			C_{66}	4.7667
			C_{67}	4.5000
		B_{26}	C_{68}	7.3667
			C_{69}	6.5000
			C_{70}	6.6333
		B_{27}	C_{71}	6.4333
			C_{72}	6.8667
			C_{73}	6.5000
			C_{74}	6.1000

根据式(11.6)，将三级指标 C 各评估值代入进行计算，以评估指标 C_1 为例，计算 C_1 的相对联系度 μ'''_{C_1}，已由表 11.64 求得 C_1 的评估指标值 $d_{C_1} = 7.5667 \in [7,9]$，则

$$\mu'''_{C_1} = \frac{d_{X_j} - 7}{9 - 7} + \frac{9 - d_{X_j}}{9 - 7} I_1 + 0 I_2 + 0 I_3 + 0 J$$

$$= \frac{7.5667 - 7}{9 - 7} + \frac{9 - 7.5667}{9 - 7}I_1 + 0I_2 + 0I_3 + 0J$$

$$= 0.2833 + 0.7167I_1 + 0I_2 + 0I_3 + 0J$$

即得评估指标 C_1 的相对联系度

$$\mu'''_{C_1} = 0.2833 + 0.7167I_1 + 0I_2 + 0I_3 + 0J$$

同理,可得某型雷达装备保障性三级指标 C 所有评估指标的相对联系度 μ'''_{X_j} 为

$$\mu'''_{C_1} = 0.2833 + 0.7167I_1 + 0I_2 + 0I_3 + 0J$$
$$\mu'''_{C_2} = 0 + 0.9333I_1 + 0.0667I_2 + 0I_3 + 0J$$
$$\cdots$$
$$\mu'''_{C_{74}} = 0 + 0.5500I_1 + 0.4500I_2 + 0I_3 + 0J$$

运用 11.1.1 节中的 AHM 法评估指标权重及三级指标 C 相对联系度 μ'''_{X_j},根据式(11.7),以评估指标 B_4 为例,计算 B_4 的相对联系度 μ''_{B_4},则

$$\mu''_{B_4} = 0.8000\mu'''_{C_4} + 0.2000\mu'''_{C_5}$$
$$= 0.8000 \times (0.1000 + 0.9000I_1 + 0I_2 + 0I_3 + 0J) +$$
$$0.2000 \times (0 + 0.9500I_1 + 0.0500I_2 + 0I_3 + 0J)$$
$$= 0.0800 + 0.9100I_1 + 0.0100I_2 + 0I_3 + 0J$$

即得评估指标 B_4 的相对联系度 $\mu''_{B_4} = 0.0800 + 0.9100I_1 + 0.0100I_2 + 0I_3 + 0J$。

同理,可得某型雷达装备保障性二级指标 B 所有评估指标的相对联系度为

$$\mu''_{B_1} = 0.2833 + 0.7167I_1 + 0I_2 + 0I_3 + 0J$$
$$\mu''_{B_2} = 0 + 0.9333I_1 + 0.0667I_2 + 0I_3 + 0J$$
$$\cdots$$
$$\mu''_{B_{27}} = 0 + 0.6981I_1 + 0.3019I_2 + 0I_3 + 0J$$

运用 11.1.1 节中的 AHM 法评估指标权重及某型雷达装备保障性二级指标 B 相对联系度 μ''_{X_j},根据式(11.8),以评估指标 A_1 为例,计算 A_1 的相对联系度 μ'_{A_1},则

$$\mu'_{A_1} = 0.3025\mu''_{B_1} + 0.1463\mu''_{B_2} + \cdots + 0.0762\mu''_{B_6}$$
$$= 0.3025 \times (0.2833 + 0.7167I_1 + 0I_2 + 0I_3 + 0J) + \cdots$$
$$+ 0.0762 \times (0 + 0.6981I_1 + 0.3019I_2 + 0I_3 + 0J)$$
$$= 0.1560 + 0.8068I_1 + 0.0372I_2 + 0I_3 + 0J$$

即得评估指标 A_1 的相对联系度 $\mu'_{A_1} = 0.1560 + 0.8068I_1 + 0.0372I_2 + 0I_3 + 0J$。

某型雷达装备保障性一级指标 A 所有评估指标的相对联系度为

$$\mu'_{A_1} = 0.1560 + 0.8068I_1 + 0.0372I_2 + 0I_3 + 0J$$

$$\mu'_{A_2} = 0.0740 + 0.8085I_1 + 0.1174I_2 + 0I_3 + 0J$$

$$\mu'_{A_3} = 0.0269 + 0.7911I_1 + 0.1790I_2 + 0.0030I_3 + 0J$$

运用 11.1.1 节中的 AHM 法评估指标权重及某型雷达装备保障性一级指标 A 相对联系度 μ_{X_j},根据式(11.9),可求得某型雷达装备保障性评估指标的平均联系度为

$$\mu_U = 0.5887\mu'_{A_1} + 0.3333\mu'_{A_2} + 0.0779\mu'_{A_3}$$
$$= 0.5887 \times (0.1560 + 0.8068I_1 + 0.0372I_2 + 0I_3 + 0J) + \cdots$$
$$+ 0.0779 \times (0.0269 + 0.7911I_1 + 0.1790I_2 + 0.0030I_3 + 0J)$$
$$= 0.1186 + 0.8062I_1 + 0.0750I_2 + 0.0002I_3 + 0J$$

由式(11.10)、式(11.11)可得

$$R_1 = 0.1186; R_2 = 0.8062; R_3 = 0.0750; R_4 = 0.0002; R_5 = 0$$

根据式(11.12)可得

$$R_g = R_2$$

11.6.3　评估结果检验结论

由 $R_g = R_2$ 可得,集合 P 属于第二等级,根据表 10.1,判定该型雷达装备保障性属"良好"等级,以此作为计算检验结果。

将计算检验结果与评估结果作对比,二者均得出"某型雷达装备保障性属'良好'等级"的结论,确定检验结果与评估结果相吻合,与实际情况相符,评估结果科学合理、准确可信。

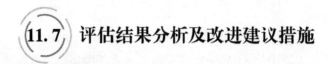

11.7　评估结果分析及改进建议措施

11.7.1　评估结果分析

依据综合评估的最终结果,得出某型雷达装备保障性综合评分为 7.0523 分,在雷达装备保障性优劣等级中位于"良好"等级,说明某型雷达装备保障性总体良好,但局部仍存在部分薄弱环节和不足之处,需要对其进一步加以优化改进、补充加强,以期某型雷达装备保障性更加趋于完善。

下面针对评估结果做出具体细化分析:

根据表 11.61,运用 Matlab 软件,做出散点图如图 11.2 所示。

由图 11.2 可以看出,三级指标 C 中的论证研制费用 C_8、使用保障费用 C_{10}、

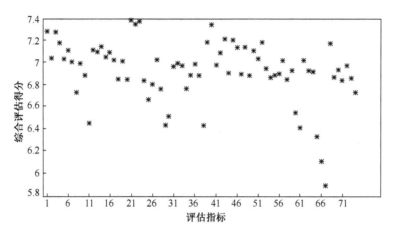

图 11.2　某型雷达装备保障性三级指标 C 综合评估得分散点图

退役处置费用 C_{11}、故障检测率 C_{18}、故障虚警率 C_{20}、温度湿度适应性 C_{24}、抗盐雾腐蚀性 C_{25}、抗风抗震抗噪性 C_{26}、外部电磁环境兼容性 C_{28}、隐蔽性 C_{29}、防护性 C_{30}、抢修性 C_{31}、互换性 C_{33}、可替代性 C_{34}、运输便捷性 C_{35}、运输限制 C_{37}、舒适度 C_{38}、设施满足率 C_{41}、设备齐套率 C_{44}、储备定额 C_{47}、持续供应能力 C_{49}、培训纲要水平 C_{53}、培训训练要求 C_{54}、训练保障能力 C_{55}、资料齐套率 C_{56}、资料标准性 C_{58}、供应能力 C_{59}、供应效率 C_{60}、供应管理 C_{61}、标准配额 C_{63}、管理使用 C_{64}、覆盖率适用率 C_{65}、自动化网络化 C_{66}、实时性准确性 C_{67}、软件资料 C_{69}、计算机安全性 C_{70}、包装包裹 C_{71}、贮存储放 C_{72}、装载卸载 C_{73}、运载输送 C_{74}等评估指标得分在 7 分以下,在这些方面,该型雷达装备保障性虽处于良好等级,但需要有针对性地在这些局部稍加优化改进;其中,退役处置费用 C_{11}、隐蔽性 C_{29}、防护性 C_{30}、舒适度 C_{38}、供应效率 C_{60}、供应管理 C_{61}、覆盖率适用率 C_{65}、自动化网络化 C_{66}、实时性准确性 C_{67}等评估指标得分尤其偏低,暴露了该型雷达装备耗费的费用较高、经济性较差;外形较为暴露,隐蔽防护考虑不周全;操作环境使用不够舒适。可能易导致人员疲劳;供应效率及水平偏低,器材、备件供应不及时,信息化物流调配不完善不精准,对人员依赖程度偏高等问题,说明在这些方面的雷达装备保障性尚需重点加强,进一步做出优化改进。

　　根据表 11.62,作出散点图如图 11.3 所示。

　　由图 11.3 可知,二级指标 B 中的寿命周期费用 B_6、环境适应性 B_{11}、生存性 B_{13}、人素工程特性 B_{16}、物流调配 B_{23}、信息系统 B_{25} 等六个方面得分偏低;其中,生存性 B_{13}、物流调配 B_{23}、信息系统 B_{25} 三个方面的短板更为明显突出,集中体现了该型雷达装备在战时生存性较弱,易受敌打击以及受打击后易故障、损

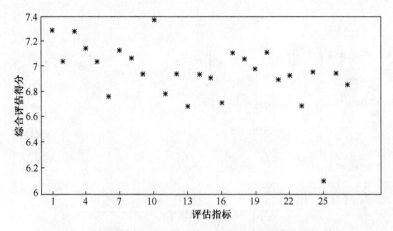

图 11.3　某型雷达装备保障性二级指标 B 综合评估得分散点图

坏、损毁；供应保障、物流调配存在短板、效率不高、速度精准度欠缺，管理不够科学高效；保障相关的信息系统设计及使用不完善、不适用、不广泛，覆盖有限、自动化程度不高、实时性精准性欠缺等，该型雷达装备针对这几个方面的保障性应该重点加强，消除缺陷，改进设计，优化提升。

　　根据表 11.63，作出散点图如图 11.4 所示。

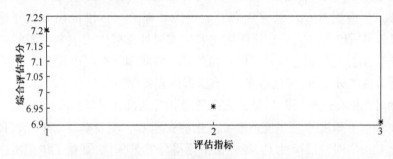

图 11.4　某型雷达装备保障性一级指标 A 综合评估得分散点图

　　根据图 11.4 可知，该型雷达装备的"战备完好性及保障性综合参数"得分为 7.2062 分，"设计特性"得分为 6.9605 分，"计划的保障资源"得分为 6.9109分，三个评估指标均处于保障性"良好"等级。总体上看，该型雷达装备"战备完好性及保障性综合参数"得分较高，说明设计单位在对该型雷达进行保障性设计时，着重考虑了此方面，保证了其战备完好性及保障性综合参数符合要求，达到标准，同时也应该看到，"战备完好性及保障性综合参数"距离"优秀"等级尚有差距，说明在局部的保障性设计上尚有优化空间，可稍加改进。"设计特性"

与"计划的保障资源"得分在 7 分以下,说明在某型雷达装备保障性设计中,兼顾雷达装备自身设计特性以及配套计划的保障资源方面,存在着一定的问题短板和缺陷不足,具体表现为设计特性存在固有缺陷和不足之处,计划保障资源不够完善全面、不够具体精细等,因此,亟需在这两个方面包括其下属相关评估指标的保障性设计上,有针对性、有重点地加强优化,确保"保优补差",改进保障性不足的地方。

根据 11.5 中灰色评估向量 **H**,可得出专家模糊评估结果,作出柱形图如图 11.5 所示。

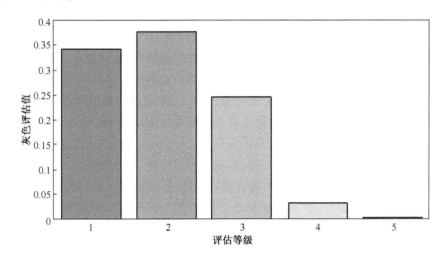

图 11.5 专家模糊评估结果图

由图 11.5,结合灰色评估向量 **H** 可知,34.23%的评估专家评定该型雷达装备保障性属于第一等级,认为雷达装备保障性优秀,基本不再需要优化改进;37.73%的评估专家评定该型雷达装备保障性属于第二等级,认为雷达装备保障性良好,需要局部稍加优化改进;34.63%的评估专家评定该型雷达装备保障性属于第三等级,认为雷达装备保障性一般,需要重点加强优化改进;3.22%的评估专家评定该型雷达装备保障性属于第四等级,认为该型雷达装备保障性较差,需要整体全面优化改进;0.19%的评估专家评定该型雷达装备保障性属于第一等级,认为该型雷达装备保障性极差,基本需要重新设计其保障性。

由图可以明显看出,评估专家的评定结论主要集中在前三个等级,也说明了该型雷达装备整体保障性良好。

综上所述,本章得出的评估结果前后一致、表里一致,并与某型雷达装备保障性实际情况基本相符,为本书所运用的基于改进 AHM-CRITIC 的雷达装备保障性灰色模糊综合评估方法的合理性、准确性及可行性等提供了验证、依据和支撑。

11.7.2　优化改进建议及措施

本章所得到的评估结果,全面反映了某型雷达装备保障性,不仅充分体现出了该型雷达装备保障性优秀的部分方面,更清晰明了地展现出了保障性存在缺陷和不足的地方,列出了下步保障性设计亟待优化改进的重点。现根据本章得出的评估结果,有针对性地提出几点优化改进的建议及措施方法,具体如下:

(1) 对雷达装备寿命周期费用加以全面充分论证,包括雷达装备的论证研制费用、采办购置费用、使用保障费用、退役处置费用等,召集设计单位、采办单位、使用单位等各方人员参与论证及预算,采取军地协作、军民融合的方式,降低各类成本及费用,优化各类方案,与雷达装备寿命周期费用相匹配,删减、改进不必要的、不适宜的、成本虚高的、价值较低的设计,论证制定出适用性强、实用性强、性价比高的最优方案,有利于提高雷达装备寿命周期费用的合理化、经济性,有益于雷达装备保障性的优化提升。

(2) 加强雷达装备对地域、气候、环境等的适应性,包括对温度、湿度、盐雾、腐蚀、强风、雨雪、冰冻、振动、噪声等诸多因素的适应性,既可以寻求地域、气候、环境的最优保障性设计,达到雷达装备"全地域""全天候""全环境"的质量和能力,也可以根据雷达装备部署服役地点的实际情况,有针对性地对装备此类方面的保障性设计进行着重加强;既可以优化提升雷达装备自身相关特性的设计,也可以优化完善配套保障资源,支持雷达装备的环境适应性。

(3) 兼顾考虑雷达装备战时的生存性等特性,尽力降低雷达装备执行作战任务时装备及人员的危险,尽力确保装备正常工作和人员安全,在雷达装备的外形设计或者配套附属装备设计上,注重雷达装备的隐蔽性和防护性,例如涂装迷彩、加装天线罩、构筑地下防护阵地、增设关重件关重部位防护挡板及增加其厚度、增设雷达诱饵及对敌干扰设备等。抢修性的优化提升,主要体现在雷达装备故障检测率隔离率高、维修器材通用性强、备件储存足额、维修保障人员质量高等方面,从这类方面入手加以设计优化,可提高雷达装备生存性。

(4) 强调"人"在装备中的重要性,雷达装备要具备优的保障性以及发挥优良的作战效能,就务必要在设计时充分考虑"人"的因素,即人素工程这一特性。主要包括人员在装备中工作的舒适度、装备对人员作业的要求、装备对人员的安全危害程度这三方面,具体而言,可从人机交互界面、人体感知能力加以设计考虑、人员环境舒适性、环境条件状况、人员要求、作业要求、防人为差错设计等方面进行人素工程特性的设计研制,补齐雷达装备保障性的缺陷短板。此外,还应注重计划保障资源中的保障人力人员要素,编配合理适宜、精准高效的保障人员及编制体制,更有利于雷达装备保障性的进一步提升。

（5）重视雷达装备物资器材的供应保障、物流调配以及保障信息系统等方面问题,此类问题缺陷明显、矛盾突出,应重点予以建设完善、加强优化改进。其一,可以深化开展军地协作、军民融合,进一步拓宽社会化多元保障路子,在平时可以将部分维修保障任务交由地方相关人员单位担负;其二,大量准确采集各类信息,建立配套数据库,开发相应软件,建设完善网络覆盖,实现军内网络互联互通,使供应保障实时、精准、高效、便捷,逐步改进优化和解决因雷达装备物资器材供应不及时、物流不畅通、信息不完善、跟踪不准确等问题造成的保障性缺陷,使雷达装备保障性趋于优良完善。

11.8　本 章 小 结

本章的主要工作是将雷达装备保障性评估实例应用到综合赋权方法及灰色模糊综合评估模型中进行评估分析,包括确定评估指标综合权重;经灰色评估运算及模糊综合评估计算后得到评估结果;构建基于 SPA-AHM 的雷达装备保障性评估模型对实例的评估结果进行检验。经实例应用分析,并将检验结果与评估结果相对比,最终确定某型雷达装备保障性属良好等级,与实际情况相符,证明了运用综合赋权方法及灰色模糊综合评估模型所得出的评估结果具有较强的有效性、准确性和可信性。最后,针对雷达装备保障性评估得分结果所含信息进行充分地剖析解读,形成系统性的评估结论,并依据评估结论,提出优化改进建议及措施,有利于后续工作中对雷达装备保障性的优化完善。

第12章
总结与展望

 12.1 研究结论及创新点

    雷达装备保障性评估是一项复杂的系统性工程,因此,在雷达装备保障性评估方法的研究中,既要考虑雷达装备自身设计特性的影响,又要涉及雷达装备计划保障资源的诸多影响因素,更为重要的是必须结合雷达装备的战备完好性等综合指标参数,统筹兼顾,对雷达装备保障性进行科学合理、全面准确、有效可行的综合评估,当前,为使其迅速形成作战能力,发挥装备效能,开展针对雷达装备保障性评估方法的研究,具有较强的理论和现实意义。

    本书收集查阅了大量的文献资料,经过多次广泛的专家询问、调查研究,将已有材料整理汇总、归纳总结,介绍了雷达装备保障性的重要作用,突出强调了雷达装备保障性评估的重要性、必要性,在分析了国内外武器装备保障性评估方法的基础上,建立了雷达装备保障性评估指标体系,创新运用了雷达装备保障性评估指标赋权法以及雷达装备保障性评估算法模型,并通过实例分析验证了本书所运用评估方法的准确性、有效性和可行性。

12.1.1 研究结论

    本书主要研究结论如下:

    (1) 对雷达装备保障性评估相关理论进行了系统归纳。首先,分析研究了保障性评估的国内外研究现状及存在问题;其次,梳理总结了雷达装备保障性评估的基本概念、方法、特点、主要流程等基本理论。

    (2) 对雷达装备保障性评估现实问题进行了剖析研究。分析研究了面向顾客/用户的雷达装备保障性需求识别、雷达装备保障性证据包、雷达装备保障资源规划要求等创新性构想及设计规划。

（3）对雷达装备保障性评估指标体系进行了构建完善。首先，基于收集的文献资料，对于相应的构建思路、原则要求、构建内容、构建流程等基本理论进行了梳理总结，为评估指标体系的构建奠定基础；其次，构建了较为完善的雷达装备保障性评估指标体系，并针对体系内各主要评估指标的内涵进行了分析介绍；最后，引入粗糙集理论的属性约简原理，简化评估指标体系，从而达到减少评估模型维度，降低计算复杂性的目的。

（4）对雷达装备保障性评估指标赋权方法进行了创新构建。首先比较分析了主客观赋权方法的优缺点；其次引入了博弈论的 Nash 均衡和离差最大化思想，对主客观权重予以规划协调；最后运用了基于改进 AHM-CRITIC 和基于改进 AHM-RS 两种雷达装备保障性评估指标综合赋权方法，详细介绍了两种赋权方法的优点，给出了赋权计算的主要流程。

（5）对雷达装备保障性评估方法进行了建模分析。首先，选取了适用于雷达装备保障性评估的四种方法，对其评估理论进行了介绍；其次，根据各方法的特点设计了对应的评估模型，并对不足之处进行了相应的改进；最后，依据咨询专家获得的数据，运用四种评估模型分别进行评估，得出了各自评估的结果，也验证了各模型的有效性。同时，详细介绍了灰色模糊综合评估算法模型的步骤流程，通过白化权函数将灰色评估样本矩阵转化为白化矩阵，并经过计算建立灰色评估矩阵，经过各层级评估指标的综合评估计算，得出雷达装备保障性评估分数，以此衡量雷达装备保障性的优劣水平。

（6）设计了基于漂移度的评估结果分析模型。首先，介绍了漂移度的概念，并对其原理进行了阐述；其次，分析了四种评估方法所得结果的性质，筛选出了可进行组合的评估方法集；最后，依据各评估方法的漂移度，反映出各评估结果在组合评估时所占的权重，然后进行组合评估，从而得出更为准确的组合评估结果。

（7）对雷达装备保障性评估结果进行了检验分析。首先，针对雷达装备保障性建立了基于 SPA-AHM 的雷达装备保障性评估模型；其次，将评估实例代入算法模型，得出检验评估结果，与已知结果进行对比；最后，针对雷达装备保障性评估结果进行全面分析，同时提出改进优化建议，以期雷达装备保障性有所提升进步，设计更加趋于完善。

12.1.2 主要创新点

主要创新点如下：

（1）明晰了雷达装备保障性评估相关基本理论。通过梳理分析军事装备领域相关文献资料，结合雷达装备保障性具体实际，归纳总结了雷达装备保障性评估的方法、主要流程、特点等,厘清雷达装备保障性评估的基本理论,为评估工作奠定基础,提供理论依据和支撑。

(2)剖析了雷达装备保障性若干创新理论问题。分析面向顾客/用户的雷达装备保障性需求识别,指出雷达装备保障性需求提出方应以顾客/用户为主体,由设计承制方会同顾客/用户进行沟通协调并形成组织,制定工作项目,对雷达装备保障性需求进行识别。针对现存雷达装备保障性数据资料与顾客需求连接不紧密、忽略用户关注重点、规范性适用性欠缺等问题,分析建立完善雷达装备保障性证据包相关工作,设计承制方可根据证据包进行保障性优化改进;在交付时,顾客/用户会对雷达装备保障性进行检验鉴定;在使用时,用户也会根据雷达装备保障性进行维修保养。针对雷达装备保障资源要求进行了规划分析,研究介绍了其一般要求及相关具体内容。

(3)构建了较为完善的雷达装备保障性评估指标体系,依据保障性的定义,从战备完好性及保障性综合参数、设计特性、计划的保障资源等三大方面对雷达装备保障性评估指标体系进行分解细化、充实完善,最终构建起包含 4 个层级、3 个一级评估指标、27 个二级评估指标、74 个三级评估指标的雷达装备保障性评估指标体系。引入粗糙集理论,根据专家对各指标重要度打分的数据,通过属性约简原理,构建指标简化模型,突出了影响程度大的指标,约简了影响程度小的指标,以此达到简化指标体系,降低评估模型维度,减少计算复杂性的目的。

(4)运用了基于改进 AHM-CRITIC 和基于改进 AHM-RS 两种雷达装备保障性评估指标综合赋权方法。基于改进 AHM-CRITIC 的综合赋权方法将传统 CRITIC 法进行优化改进,依据熵权法计算流程,引入熵值对处理过程进行优化,得到差异系数,使计算更为简易便捷,结果可靠;针对传统 CRITIC 法将负相关情况忽略掉的弊端,在相关系数的计算上,对相关系数先取绝对值,再参与运算得出冲突系数,避免此类弊端对赋权结果的准确性造成影响。基于改进 AHM-CRITIC 的雷达装备保障性评估指标综合赋权方法,根据博弈论的 Nash 均衡分析方法,寻求最优线性组合系数,将主客观权重加以综合,既借鉴了主客观赋权法各自的优点,又弥补了单一主客观赋权法各自存在的缺陷,使主客观赋权法在综合运用的过程中形成互补结合,最后进行实例计算分析,验证了综合赋权方法算法模型的有效性、可行性,为雷达装备保障性评估提供了科学有力的方法手段。

基于改进 AHM-RS 的综合赋权方法对 AHM 赋权法中参数 β 取值规定不明确,随意取值容易影响赋权结果的问题,引入评分标度,将比例标度转化为具有可加性的评分标度,避免了参数 β 取值的问题。对 RS 赋权法中计算属性重要度时,个别属性的重要度可能为 0,从而导致该指标的权重值为 0,与客观实际不相符的问题,引入条件熵的概念,使得属性重要度总是大于 0,从而得出该指标的权重值总大于 0,解决了改进前的不足之处。

(5) 构建了雷达装备保障性可拓评估模型。为了解决评估中定性指标与定量指标共存,且指标量纲各异,导致评估难度较大的问题,将可拓学理论应用到雷达装备保障性评估中,建立了相适应的物元模型。根据保障性评估的等级标准,确定了经典域和节域,依照专家对指标给出的评分数据确定待评物元,运用可拓评估模型计算出等级关联度,根据最大隶属度原则,确定出雷达装备保障性等级。

(6) 构建了雷达装备保障性云评估模型。为了解决雷达装备保障性评估过程中的定量描述与定性概念转换的问题,将云理论引入保障性评估中,构建了云评估模型。将评估指标集通过云理论转换为评估云模型,将专家打分的数据通过逆向云发生器形成云模型数字特征,利用正向云发生器生成综合评估云滴图,根据云滴图判定雷达装备的保障性等级。

(7) 构建了雷达装备保障性灰色评估模型。为解决雷达装备保障性影响因素信息的不完全性、不确定性,将适用于"小数据""贫信息"和不确定性系统的灰色理论引入雷达装备保障性评估,构建了灰色评估模型。通过专家评分的数据和保障性等级标准来确立评估灰度和白化权函数,利用灰色评估模型,得出其保障性等级。

(8) 构建了改进突变级数法的雷达装备保障性评估模型。为了减小权重对评估结果的影响,将突变级数法应用到雷达装备的保障性评估中,构建了突变级数模型。并对传统突变级数模型中,综合评估值整体接近于 1,不便于直观反映保障性水平大小的问题,提出了综合调整法,对评估结果进行修正,得到可信度更高的保障性评估结果。

(9) 设计了基于漂移度的雷达装备保障性评估结果分析模型。为了克服单一的雷达装备保障性综合评估方法的局限性,构建了基于漂移度的评估结果分析模型,根据对评估结果的分析,进行组合评估。将可拓评估法、云评估法、灰色评估法和改进突变级数法的评估结果作为数据代入分析模型,计算出各评估结果的漂移度,由漂移度得出组合时各评估结果所占的权重,进行评估结果的组合,得到更加准确、可信的评估结论。

(10) 建立了雷达装备保障性灰色模糊综合评估算法模型。将灰色系统理论、模糊综合评估理论等加以综合运用,选定合成算子,构建了雷达装备保障性灰色模糊综合评估算法模型,介绍了完整的评估计算步骤流程,可得出雷达装备保障性评估结果。进行实例应用分析,对基于改进 AHM-CRITIC 的雷达装备保障性灰色模糊综合评估方法加以实践验证。

（11）建立了基于 SPA-AHM 的雷达装备保障性评估结果检验模型。介绍了模型的计算步骤流程,运用其对评估结果进行检验,为基于改进 AHM-CRITIC 的雷达装备保障性灰色模糊综合评估方法的合理性、准确性提供了依据和支撑。

本书为雷达装备保障性评估理论提供了一定的技术支持,是对雷达装备保障性评估方向深化研究的一次挖掘探索与补充完善,也为今后此类更为细致具体、深入广泛的理论研究提供了先行的思想启发和支撑铺垫。

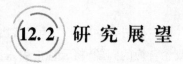

12.2 研究展望

本书针对雷达装备保障性评估做了一定的研究工作,取得了一定的成果和经验,但由于研究时间、条件的限制以及作者学识水平、实际经验的匮乏,本书的研究仍存在些许欠缺和不足之处,在下步研究工作中,可以对此类研究予以改进优化,使雷达装备保障性评估相关研究更为严谨细致,成果更为完善丰硕。

具体可从以下两个方面着手:

（1）随着军队规模结构和力量编成改革的深入推进以及军事装备科学技术的发展进步,军队编制体制有所调整,雷达装备的发展也日益加快,一大批技术体制先进、保障模式新颖的雷达装备陆续设计定型并量产服役,鉴于此,雷达装备保障性评估指标应随之逐步更新优化;体系结构应更加趋于完善并切合装备保障性实际。

（2）在将保障性评估方法应用于数量众多、体制各异的雷达装备的具体实践中,势必需要研制一套与此评估方法相配套的评估应用软件或系统,并且要与雷达装备实际结合起来,实现连接评估者与评估对象的"纽带"作用,并简化人工计算量,同时减少人工计算误差,方便快捷地得到雷达装备保障性评估结果,进一步提高评估效率。

参 考 文 献

[1] 杨江平.雷达装备保障学[M].北京:蓝天出版社,2014.

[2] 杨秉喜,后小明,陈怀春,等.雷达综合技术保障工程[M].北京:中国标准出版社,2002.

[3] 丁利平.联合攻击战斗机项目的保障性综述[J].装备质量,2002(3):27-36.

[4] 冯志刚,苏金茂,方昌华,等.导弹系统安全工程概况[J].中国航天,2006(12):17-23.

[5] 石之英.武器系统与后勤保障[J].外国空军后勤,1998(3):8-10.

[6] 魏钢.F-35闪电隐身联合攻击机[M].北京:航空工业出版社,2008.

[7] 曾天翔.国外军用飞机保障性要求的确定[J].装备质量,2003(6):5-13.

[8] 魏钢.F-22"猛禽"战斗机[M].北京:航空工业出版社,2008.

[9] 陈庆华.装备保障能力评估建模研究现状与发展[J].装备学院学报,2012,23(2):1-4.

[10] 牛天林,王洁,吕伟.信息化条件装备战场维修资源保障问题研究[J].指挥控制与仿真,2009,31
(3):111-113.

[11] 宋太亮,白宪阵.基于任务需求的系统保障性目标确定[J].火力指挥与控制,2012,37(4):
117-130.

[12] 徐宗昌.装备保障性工程与管理[M].北京:国防工业出版社,2006.

[13] 章文晋,郭霖瀚.装备保障性分析技术[M].北京:航空航天大学出版社,2012.

[14] 孟宪君,秦绪山,王学文.论证阶段保障性工作综述[J].军用标准化,2004(4):35-37.

[15] 罗湘勇.基于DoDAF的装备保障任务建模与仿真的验证[J].海军航空工程学院学报,2012,27(5):
579-582.

[16] 陈翔,刘仁斌,夏志向.第二炮兵装备维修保障能力评估指标体系研究[J].科技研究,2009,25(5):
68-70.

[17] 肖丁,陈进军,苏兴,等.装备保障能力评估指标体系研究[J].装备指挥技术学院学报,2011,22
(3):42-45.

[18] 宋飞飞,郭建胜,李正欣,等.基于群组AHP法的装备维修保障能力模糊综合评估[J].火力与指挥
控制,2012,37(9):63-66.

[19] 梁晓峰.基于Matlab的模糊AHP法在装备保障能力评估中的应用[J].四川兵工学报,2011,32
(12):54-56.

[20] 邱国阳.基于改进模糊综合保障评估法大跨斜拉桥评估研究[J].湖南交通科技,2017,43(3):
135-138.

[21] 甄涛.武器系统作战效能评估方法[M].北京:国防工业出版社,2005.

[22] 邓聚龙.灰色系统基本方法[M].武汉:华中科技大学出版社,2008.

[23] 王永杰.基于模糊灰色理论的雷达装备保障性评估[J].现代防御技术,2015,43(2):159-164.

[24] 郭煌,郭建胜,惠晓滨,等.灰色理论和模糊数学相结合的装备保障能力评估模型[J].火力与指挥控
制,2009,34(3):75-78.

[25] 关楠．基于灰色理论的装备保障性评价数学分析方法研究[J].青岛大学学报,2006,19(3):7-11.

[26] 林波．基于灰色聚类炮兵装备维修保障能力评价及应用研究[D].长沙:国防科学技术大学,2009.

[27] 艾宝利,武昌．维修保障系统效能评估的灰色—证据理论模型[J].空军工程大学学报(自然科学版),2009,10(8):81-84.

[28] 董振华,严骏,凌海风,等．基于AHM模型与DEA方法的装备保障能力评估研究[J].机械管理开发,2010,25(2):27-28.

[29] 何成铭,李文鹏,冯靖．基于DEA的装甲装备使用阶段RMS评价技术[J].四川兵工学报,2010,31(11):66-68.

[30] 杜旭,李跃华,张金林,等．基于灰色关联赋权值DEA模型的装备保障性评估[J].空军预警学院学报,2013,27(2):130-136.

[31] 李建印．基于BP神经网络的装备保障能力评估研究[J].管理评论,2014,26(12):182-188.

[32] 周燕,陈浪中,李为民．基于BP神经网络的弹炮结合系统作战效能评估[J].系统工程与电子技术,2005,27(1):84-86.

[33] 潘景余,王礼沉．基于粗糙集的飞机空地作战效能多指标综合评估模型[J].火力与指挥控制,2009,34(10):142-148.

[34] 徐林．基于模糊综合评判法的舰船装备保障能力评估[J].舰船电子工程,2016,36(2):106-109.

[35] 张旺．基于Elman神经网络的城市生活垃圾清运量预测模型研究[D].武汉:湖北工业大学,2017.

[36] 祝华远,马乃苍,王文秀,等．先进战斗机保障性AGA-SSI评估模型[J].海军航空工程学院学报,2009,24(2):133-140.

[37] 李宏伟,严骏,熊云,等．装备保障系统评价多属性决策分析[J].解放军理工大学学报,2008,9(1):82-84.

[38] 岳勇,杨宏伟,杨学强．网络分析法和熵权的装备保障系统能力评估[J].火力与指挥控制,2012,37(6):40-42.

[39] 宋太亮,李军．装备建设大质量观[M].北京:国防工业出版社,2010.

[40] 徐宗昌．保障性工程[M].北京:兵器工业出版社,2002.

[41] 帅勇,宋太亮,王建平,等．装备保障能力评估方法综述[J].计算机测量与控制,2016,24(3):1-3.

[42] 韦雅云．针对建筑防火设计与管理的火灾风险快速评估方法研究[D].北京:北京建筑大学,2017.

[43] 杨姝．基于改进灰色系统理论的铁路绿色施工综合评价研究[D].兰州:兰州交通大学,2017.

[44] 冯娟．基于粗糙集理论的列控车载设备故障诊断方法[D].北京:北京交通大学,2017.

[45] 劳国威．基于云理论+AHP法的电网经济性与可靠性综合评估研究[D].吉林:吉林大学,2017.

[46] 彭善国,王希武,王寅龙．基于贝叶斯网络的装备保障能力评估建模研究[J].计算机与数字工程,2011,39(6):61-64.

[47] 尹富．基于灰色关联分析的航空装备技术保障能力评价模型[J].数学的实践与认识,2013,43(8):104-109.

[48] 胡新江,徐浩军,王文栋,等．加权LS-SVM的航空装备维修保障能力评估模型[J].火力与指挥控制,2012,37(12):34-37.

[49] 赵克勤.集对论——一种新的不确定性理论方法与应用[J].系统工程,1996,14(1):18-23.

[50] 宋晓雅．基于数据包络分析法的哈尔滨城市生态绩效评价研究[D].哈尔滨:哈尔滨工业大学,2015.

[51] 肖飞,于开民,张帅．基于熵物元的舰载直升机保障能力评估[J].电讯技术,2014,54(12):

1706-1710.

[52] 张磊,王族统,胡小响.一种基于仿真的装备维修保障能力评估方法[J].火力与指挥控制,2014,39（4）:106-109.

[53] 刘妍妮.基于DEA理论的建设工程项目评标数学建模及Matlab分析[J].自动化与仪器仪表,2017（12）:207-211.

[54] 宋太亮.装备保障性系统工程[M].北京:国防工业出版社,2008.

[55] 曹小平,孟宪君,周红,等.保障性论证[M].北京:海潮出版社,2005.

[56] 宋太亮,张宝珍,等.GJB 451A—2005可靠性维修性保障性术语[M].北京:总装备部军标出版发行部,2005.

[57] 俞沼.浅论装备的保障性和保障性要求的确定[J].军用标准化,2001（5）:14-17.

[58] 杨勇飞.把保障性溶于设计过程[J].飞机工程,2000（2）:40-45.

[59] 宋太亮:谈谈装备可靠性维修性保障性工作的综合问题[A]//林武强,马绍力.第二届装备可靠性维修性保障性研讨会论文集[C].北京:总装备部,2004:1-5.

[60] 程杨,胡冰,董伟,等,面向顾客/用户的雷达装备保障性需求识别[J].舰船电子对抗,2018,41（1）:26-31.

[61] 中华人民共和国国家质量监督检验检疫总局,中国国家标准化管理委员会.GB/T 19000—2016质量管理体系 基础和术语[S].2016.

[62] 石晓强,栗刚,杨学虎.浅析典型航天产品数据包的编制[J].航天制造技术,2011,12（6）:47-49.

[63] 郝京辉,周利民.航天型号外包产品数据包的研究与实践[J].机械制造,2015,53（10）:62-65.

[64] 程杨,胡冰,董伟.雷达装备保障性证据包研究[J].舰船电子对抗,2018,41（4）:111-115.

[65] 褚润通,王春妮,姚晓菊.5W2H分析法在设计性实验中的应用[J].甘肃科技,2010,9（26）:180-181.

[66] 王玉泉,韩朝帅,李林宏.基于ERP的装备保障资源管理优化研究[J].价值工程,2014（2）:317-319.

[67] 张雪胭,黄少罗,孟庆龙.加强装备保障资源整合推进"两成两力"建设发展[J].装备学院学报,2012,23（6）:22-24.

[68] 何建文,任树兵,张晓飞.对推进装备保障资源集约化建设的思考[J].装甲兵学术,2013（2）:48-50.

[69] 程杨,胡冰,董伟.雷达装备保障资源规划要求分析[J].舰船电子工程,2018,38（8）:1-4.

[70] 甘茂治,康建设,高崎.军用装备维修工程学[M].北京:国防工业出版社,2005.

[71] 董肇君.系统工程与运筹学[M].北京:国防工业出版社,2011.

[72] 李忠华.空军航空兵场站气象保障能力评估研究[D].郑州:解放军信息工程大学,2009.

[73] 杜栋,庞庆华,吴炎.现代综合评价方法与案例精选[M].北京:清华大学出版社,2015.

[74] 周炜,周创明,史朝辉,等.粗糙集理论及应用[M].北京:清华大学出版社,2015.

[75] 刘小伟,王宁,李天瑞,等.概率复合粗糙集模型的改进及其属性约简[J].南京大学学报（自然科学）,2018,54（5）:958-966.

[76] 侯文婷.基于粗糙集理论的建筑工程成本分析[J].现代电子技术,2018,41（19）:83-88.

[77] 施端阳,胡冰,张长聪.基于粗糙集的雷达装备保障性评估指标约简方法[J].空军预警学院学报,2019,33（2）:107-111.

[78] 张旭,董羽,李晨晨,等.基于模糊层次综合评价的加油站安全现状研究[J].价值工程,2018（37）:

16-18.

[79] 刘勇,吴金凯. 基于 AHP 的交通违章行为评价[J].中国集体经济,2018,4(2):161-162.

[80] 张瑾. 基于层次分析法的个人信息安全评估研究[J].价值工程,2018(36):57-60.

[81] 张瑞山,占欣. 基于 ISM-CRITIC 法的通用航空可控飞行撞地影响因素分析[J].中国安全生产科学技术,2018,14(1):129-135.

[82] 吴博,赵法锁,段钊,等. 基于熵权的属性识别模型在陕西土质滑坡危险度评价中的应用[J].灾害学,2018,33(1):140-145.

[83] 程杨,胡冰,董宇辉,等. 运用 AHM-CRITIC 的雷达装备保障性评估指标综合赋权法[J].空军预警学院学报,2018,32(3):162-166.

[84] 高婵,张朝元. 基于属性层次模型(AHM)的云南地震灾害评估[J].洛阳师范学院学报,2016,35(2):3-8.

[85] 刘小伟,王宁,李天瑞,等. 概率复合粗糙集模型的改进及其属性约简[J].南京大学学报(自然科学),2018,54(5):958-966.

[86] 鲍新中,刘澄. 一种基于粗糙集的权重确定方法[J].管理学报,2009,6(6):729-732.

[87] 刘靖旭,谭跃进,蔡怀平. 多属性决策中的线性组合赋权方法研究[J].国防科技大学学报,2005,27(4):121-124.

[88] 林仁. 基于组合加权的灰色聚类方法研究[J].湖南城市学院学报(自然科学版),2011,20(4):40-44.

[89] 杨春燕. 可拓创新方法[M].北京:科学出版社,2017.

[90] 姜毅,尹锦明,董晓进,等. 基于层次分析法可拓学的小城市公交服务评价[J].数学的实践与认识,2015,45(21):83-90.

[91] 刘光复,孔祥明,刘志峰,等. 可拓评价在线路板回收方法综合性能比较中的应用[J].合肥工业大学学报:自然科学版,2008,31(1):121-125.

[92] 李远远. 基于粗糙集的综合评价方法研究[M].桂林:广西师范大学出版社,2014.

[93] 赵丁选,王倩,张祝新. 基于层次分析法的可拓学理论对舰载直升机可靠性的评估[J].吉林大学学报(工学版),2016,46(5):1528-1531.

[94] 李德毅,杜鹢. 不确定性人工智能[M].北京:国防工业出版社,2005.

[95] 刘保军,蔡理,刘小强,等. 基于云模型和 FAHP 熵权的空地弹药效能评估[J].火力与指挥控制,2017,42(6):80-87.

[96] 施端阳,胡冰,董睿杰,等. 一种改进 AHM 赋权的雷达装备保障性云评估模型[J].空军预警学院学报,2019,33(3):191-194.

[97] 刘思峰. 灰色系统理论及其应用[M].北京:科学出版社,2017.

[98] 马亚龙,邵秋峰,孙明,等. 评估理论和方法及其军事应用[M].北京:国防工业出版社,2013.

[99] 谢宗仁,吕建伟,林华. 基于突变级数法的舰船作战能力综合评价[J].中国舰船研究,2016,11(3):5-10.

[100] 许秀娟. 突变级数法在城市基础设施水平空间差异评价中的应用[J].工程管理学报,2018,32(6):81-86.

[101] 邓长涛,严超君,董菁. 基于突变理论的工业园区环境风险评价[J].陕西水利,2018(6):98-101.

[102] 夏国清,栾添添,孙明晓,等. 基于主成分约简和突变级数的舰载机出动能力综合评估方法[J].系统工程与电子技术,2018,40(2):330-337.

[103] 李绍飞,陈伏龙,余萍,等．平原区浅层地下水污染风险评价[J].武汉大学学报(工学版),2018,51(12):1035-1040.

[104] 李美娟,陈国宏,徐林明,等．基于漂移度的动态组合评价方法研究[J].中国管理科学,2015,23(1):141-145.

[105] 曹文贵,翟友成,王江营．基于漂移度的隧道围岩质量分级组合评价方法[J].岩土工程学报,2012,34(6):978-983.

[106] 刘飞飞．基于模糊综合评价的梁桥抗震性能研究[D].邯郸:河北工程大学,2017.

[107] 谢丽娟,陈俏．模糊综合评判中合成算子的选取[J].科协论坛,2012(9):103-104.